建筑工程施工现场专业人员继续教育培训教材

建筑节能工程施工验收及低碳建筑解读

吴兴国　主编

中国环境出版社·北京

内容简介

本书把建筑节能的理论、施工、规程、验收等融为一个整体，唤起人们对建筑节能的认知和行动。主要内容有：建筑节能基础知识，墙体、门窗、屋面、地面节能工程施工质量控制要点与验收等。本书体现了“新、精、全、实用又具有前瞻性”，在同类教材中极具可读性。

本书不仅可作为建筑工程施工现场专业人员继续教育培训教材，还可作为高等院校土木工程专业的教学用书和施工企业工程技术人员的参考书。

图书在版编目（CIP）数据

建筑节能工程施工验收及低碳建筑解读/吴兴国主编. —北京：中国环境出版社，2011（2013.11 重印）
建筑工程施工现场专业人员继续教育培训教材
ISBN 978-7-5111-0515-8

Ⅰ. ①建… Ⅱ. ①吴… Ⅲ. ①建筑—节能—工程施工—技术培训—教材②建筑—节能—工程验收—技术培训—教材
Ⅳ. ①TU7

中国版本图书馆 CIP 数据核字（2011）第 034676 号

出 版 人 王新程
责任编辑 高　峰
责任校对 扣志红
封面设计 兆远书装

出版发行 中国环境出版社
（100062　北京市东城区广渠门内大街 16 号）
网　　址：http://www.cesp.com.cn
电子邮箱：bjgl@cesp.com.cn
联系电话：010-67112765（编辑管理部）
出版电话：010-67112739（建筑图书事业部）
发行热线：010-67125803，010-67113405（传真）
印　　刷 北京中科印刷有限公司
经　　销 各地新华书店
版　　次 2011 年 4 月第 1 版
印　　次 2013 年 11 月第 7 次印刷
开　　本 787×1092　1/16
印　　张 8.75
字　　数 180 千字
定　　价 22.00 元

前言

前　言

建筑节能是一个系统工程。影响节能效果的因素分别来自规划、设计、施工、监理、业主等方面。其中建筑节能施工是重要的影响因素之一。

《建筑节能工程施工质量验收规范》(GB 50411—2007)颁布实施以来,发挥了对建筑节能施工质量的控制作用,提高了建筑节能的技术水平。但是,也必须看到,由于存在对建筑节能认识上的差异,在一定程度上影响了建筑节能的进展。为了更好地满足建筑工程施工现场专业人员继续教育培训的需要,我们组织了有关专家、学者和在建筑节能施工一线的工程技术人员编写了本书。

本书在建筑节能理念、理论方面,开拓了新的视野。使读者真正认识到建筑节能是实现经济社会可持续发展的战略要求;低碳建筑是未来社会发展的必然趋势。

如何使建筑节能达到设计的要求,本书依次编写的重点是:墙体节能工程、门窗节能工程、屋面节能工程、地面节能工程。做到有所侧重,有所取舍,注重保温隔热内在的共同规律的总结,突出建筑节能工程施工质量控制和验收的要点,并对建筑节能工程施工质量验收进行了细化,阐明了保温隔热的内在要求。本书的最后一章,“低碳建筑工程解读”,旨在开拓读者的思维空间,唤起人们的认知和行动,共同推动建筑节能的发展。

本书在“新、精、全、实用又具有前瞻性”方面仍有差距,恳请专家和读者批评指正。

本书在编写过程中,参考诸位专家学者多年潜心研究成果,在此表示衷心的谢意。

吴兴国

2010 年 11 月

目　录

第一章　建筑节能基础知识

第一节　相关概念

一、建筑能耗、节能建筑和建筑节能

（1）建筑能耗

建筑能耗是指建筑活动全过程中的能源消耗和动用建筑物生命周期内的能源消耗。动用过程中的能耗，主要是室内采暖、空调和照明。前两项的能耗大，主要是我国建筑围护结构保温隔热性能差。外墙和外窗的传热系数为同纬度发达国家的 3～4 倍。建筑能耗已成为我国能源消耗的主体之一。

（2）节能建筑

节能建筑是指按节能设计标准设计、建造，使其在动用过程中提高能源使用率（低能耗）的建筑物。

建筑施工企业与节能建筑的关系极大，故要加强节能建筑施工质量管理，还必须努力提高建筑节能工程的施工技术水平，使节能建筑达到《建筑节能工程施工质量验收规范》（GB 50011—2007）的标准。

（3）建筑节能

建筑节能是指在建筑中科学和有效地提高能源使用率，减少能源消耗，减排二氧化碳。

二、建筑节能的基本原理

建筑传热的方式主要为辐射、对流、传导 3 种。辐射传热是指以电磁波的形式把热能由一个物体（发热体）传递给另一个物体；对流是指具有热能的气体或液体在移动过程中进行热交换；传导是指物体内部的热量从高温的一端直接向低温一端转移。建筑物的传热是 3 种方式同时作用的结果。通俗地理解建筑节能，就是增加传热的阻力。

三、绿色建筑、生态建筑、可持续建筑、低碳建筑

（1）绿色建筑

绿色建筑是指在建筑的生命周期内，最大限度地节约资源（节能、节地、节水、节材）保护环境和减少污染，为人们提供健康、舒适和高效的使用空间，与自然和谐共生。

其内涵可归纳为：减轻建筑对能源的消耗；提供安全、健康、舒适的生活空间；注重与自然环境的亲和力，人与建筑与环境永远和谐共处。

（2）生态建筑

生态建筑是指根据建筑所在的自然生态环境，运用生态学、建筑技术科学的基本原

理和现代科学技术等，合理安排并组织建筑与其他相关因素之间的关系，使建筑和环境之间成为一个有机的结合体，同时具有良好的室内气候条件和较强的生物调节能力，以满足人们居住、工作的环境舒适，使人与建筑、与自然生态环境之间形成一个良性循环系统。

（3）可持续建筑

可持续建筑是指循环利用能源，通过选址、设计、施工、维护、建立完整的建筑物生命周期。最大限度地使建筑物发挥其使用效率，尽量减少并最终消除建筑物对人类健康和环境的消极影响。它包含技术、生态、政策及哲学思想 4 个方面的可持续，其规模从小到大分别为建筑、小区与城市、区域、全球。

（4）低碳建筑

低碳建筑是指施工建造和建筑物在使用的整个生命周期内提高能效，降低二氧化碳的排量。建筑在二氧化碳的排放总量中几乎占到了 50%。空调、采暖燃用大量煤炭等矿物能源，二氧化碳造成的温室效应使地球变暖，对人类和生物界是个极为严重的威胁。城市的碳排放 60%来源于建筑物维持功能的本身。远远高于运输和工业领域。当前，低碳建筑已成为国际建筑界的主流趋势。低碳建筑的前提是建筑节能。

第二节　相关术语

一、围护结构类

围护结构是指建筑物及房间各面的围档。这里是指外围护结构。

建筑的围护结构是建筑节能的重点内容。围护结构的保温隔热（外墙、外门窗、屋面、地面等）是降低建筑能耗的主要措施。以节能 50%计算，外墙占 27.5%，外窗占 18.9%，屋面占 7.9%，其他如楼梯间隔墙、户门等占 24.7%。

正确理解与围护结构相关的术语，对掌握指导建筑节能工程施工与验收有很大的帮助。

（1）外墙

外墙体在建筑外围结构中占的面积比例最大，墙体传热造成的热损失占整个建筑热损失的比例也最大。墙体的建筑节能是建筑节能工程的重要组成部分。

（2）门窗

门窗的节能技术措施，主要是减少渗透量（室内外冷热气流的直接交换），减少热量传递，增大门窗的整体传热阻。

（3）窗墙面积比

窗墙面积比是指外墙同一朝向的空调房间的外墙面积之和与外窗面积之和的比值。《民用建筑节能设计标准（采暖居住建筑部分）》规定：北向、东西向、南向的窗墙比应分别低于 25%、30%和 35%。近年来，住宅建筑的窗墙比有越来越大的趋势。当窗墙比超过规定数值时，应首先考虑减低窗户的传热系数，把窗的遮阳设施作为夏季隔热的一个重点。

（4）屋面

主要用来防雨和保温隔热，在整个围护结构中，耗热量低于外墙和外窗。屋面防雨及保温隔热施工工艺较为成熟。故屋面工程节能，重点是通过改善屋面的热工性能，提高热阻。

（5）建筑体形系数

建筑体形系数是指建筑物的外表面积（外表面积中不包括地面和不采暖的楼梯间隔墙和户门的面积）与室外直接接触的面积与建筑体积的比值。体形系数越大，建筑体积分担的热散面积越大，能耗越高。体形系数是建筑节能设计规范的控制值。《夏热冬冷地区居住建筑节能设计标准》（JGJ 134—2010）规定：体形系数限值≤3层为0.55，4～11层为0.40，≥12层为0.35。体形系数反映了建筑物的热工性能。在居住建筑围护结构的传热耗热量中占有很大比重。如6层住宅楼，在条件相同的环境里，层高由2.7 m改为3 m，耗热量指数增加约为8%。

（6）热桥

建筑围护结构中一些部位，在室内外温差的作用下，形成相对密集热传较多的部位，称为"热桥"。如圈梁、构造柱、变形缝、外窗、阳台、挑檐、女儿墙等部位。热桥处会引起结露、潮湿。严重时会影响结构安全。

（7）冷凝（结露）

冷凝指围护结构表面湿度低于周边空气露点温度，表面出现冷凝水的现象。

（8）露点温度

露点温度是指在大气压力一定，含湿量不变的条件下，未饱和的空气因冷却而达到饱和状态时的温度。通俗地说，就是空气中的水蒸气变为露珠时的温度。

（9）围护结构传热阻（R_o）

围护结构传热阻是指围护结构两侧表面温差为1 K时，单位热量通过1 m^2截面积所需时间（小时数）。单位为（$m^2 \cdot K/W$），用R_o表示。传热阻与围护结构（墙体）厚度成正比，与材料的导热系数成反比。

（10）热惰性指标（D）

热惰性指标是指表征围护结构抵御温度波动和热流波动能力的无量纲指标，其值等于各构造层材料热阻与蓄热系数的乘积之和。

（11）传热系数

传热系数是指在稳定传热条件下，围护结构两侧空气温差为1 K时，在单位时间内通过单位面积的传热量，单位为W/（$m^2 \cdot K$），传热系数用K表示，$K=1/R_o$，R_o为传热阻。

围护结构的传热系数K值越小，或传热阻R_o值越大，温度性能越好。

（12）外墙平均传热系数（K_m）

外墙平均传热系数（K_m）是指外墙主体部位和周边热桥部位传热系数的平均值，按外墙各部位（不包括门窗）的传热系数对其面积和加权平均计算式求得。单位为W/（$m^2 \cdot K$）。

外墙平均传热系数（K_m）包括外墙主体部位和周边混凝土圈梁和抗震柱等热桥部位在内，按面积加权平均求得的传热系数。单位为W/（$m^2 \cdot K$）。计算公式如下：

$$K_m = \frac{K_P \cdot F_P + K_{B1} \cdot F_{B1} + K_{B2} \cdot F_{B2} + K_{B3} \cdot F_{B3}}{F_P + F_{B1} + F_{B2} + F_{B3}}$$

式中：　　　K_m —— 外墙的平均传热系数，W /（m²·K）；

K_p —— 外墙主体部位的传热系数，W /（m²·K），应按国家标准《民用建筑热工设计规范》（GB 50176—93）的规定计算；

K_{B1}、K_{B2}、K_{B3} —— 外墙周边热桥部位的传热系数，W /（m²·K）；

F_p —— 外墙主体部位的面积，m²；

F_{B1}、F_{B2}、F_{B3} —— 外墙周边热桥部位的面积，m²。

外墙受周边热桥的影响，其平均传热系数应按上式计算，外墙主体部位和周边热桥部位如图 1-1 所示。

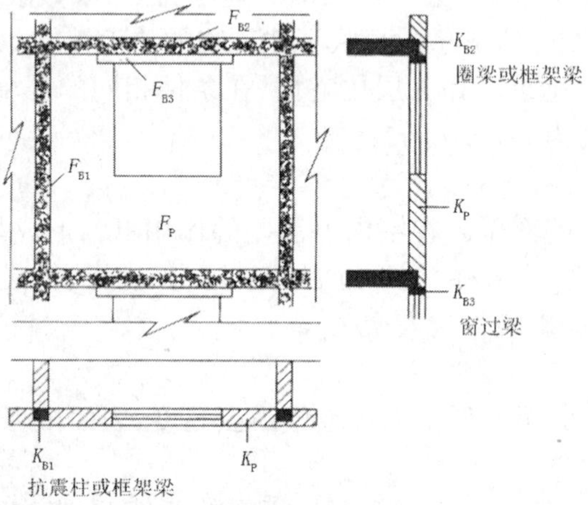

图 1-1　外墙主体部位与周边热桥部位示意图

（13）温室效应

温室效应是大气保温效应的俗称。大气能使太阳短波辐射到地面，但地表向外放出的长波热辐射线却被大气吸收，这样就使地表与低层大气温度增高，因其类似栽培农作物的温室，故名温室效应。若温室效应不断加强，全球温度也将逐年升高。自工业革命以来，人类向大气中排入的二氧化碳等吸热性强的温室气体逐年增加，已引起全球气候变暖等一系列严重灾难。

（14）保温和隔热

1）建筑保温：指围护结构在冬季阻止室内向室外传热，保温传热过程，通常按稳定传热考虑，同时考虑不稳定传热的一些影响。

2）建筑隔热：是指围护结构在夏天隔离太阳辐射热和室外高温的影响。隔热针对夏季传热过程，通常以 24 h 为周期的周期性传热来考虑。

3）保温和隔热的主要区别：两者构造不同。建筑围护结构的保温性能主要取决于其传热系数 K 值［W /（m²·K）］或传热阻 R_o 值［（m²·K / W）］的大小，围护结构的隔热性能主要取决于夏季室外和室内计算条件下表面最高温度的高低，因此对于外墙来说，内保温墙体其传热系数 K 值可能较小，或其传热阻 R_o 值可能较大，其保温性能可能较好；但内侧的热稳定性较差，因此在夏季室外综合温度和室内空气温度波作用下，内表面温度容易升得更高，其隔热性能可能较差。故保温性能通常受构造层次排列的影响较大。对于相同材料的复合墙体，外保温构造的隔热性较好。

二、验收规范类

（1）保温浆料

由胶粉料与聚苯颗粒或其他保温轻骨料组配，使用时按比例加水搅拌混合而成的浆料。

（2）凸窗

位置凸出外墙外侧的窗。

（3）外门窗

建筑围护结构上有一个面与室外空气接触的门或窗。

（4）玻璃遮阳系数

透过窗玻璃的太阳辐射的热与透过标准 3 mm 透明窗玻璃的太阳辐射的热的比值。

（5）透明幕墙

使可见光能直接透射入室内的幕墙。

（6）进场验收

对进入施工现场的材料、设备等进行外观质量检查和规格、型号、技术参数及质量证明文件核查并形成相应验收记录的活动。

（7）进场复验

进入施工现场的材料、设备等在进场验收合格的基础上，按照有关规定从施工场抽取试样送至实验室进行部分或全部性能参数检验的活动。

（8）见证取样送检

施工单位在监理工程师或建设单位代表见证下，按照有关规定从施工现场随机抽取试样，送至有见证检测资质的检测机构进行检测的活动。

（9）现场实体检验

在监理工程师或建设单位代表见证下，对已经完成施工作业的分项或分部工程，按照有关规定在工程实体上抽取试样，在现场进行检验或送至有见证检测资质的检测机构进行检验的活动，简称实体检验或现场检验。

（10）质量证明文件

随同进场材料、设备等一同提供的能够证明其质量状况的文件。通常包括出厂合格证、中文说明书、型式检验报告及相关性能检测报告等。进口产品应包括出入境商品检验合格证明。使用时，也可包括进场验收、进场复验、见证取样检验和现场实体检验等资料。

（11）核查

对技术资料的检查及资料与实物的核对。包括：对技术资料的完整性、内容的正确性、与其他相关资料的一致性及整理归档情况的检查，以及将技术资料中的技术参数等相应的材料、构件、设备或产品实物进行核对、确认。

（12）型式检验

由生产厂家委托有资质的检测机构，对定型产品或成套技术的全部性能及其适用性所作的检验。其报告称型式检验报告。通常在工艺参数改变、达到预定生产周期或产品生产数量时进行。

第三节　建筑节能材料

材料是建筑节能工程的物质基础。除应具有保温隔热的品质外，还必须具有高强度、耐火性、耐候性，不得对室内外环境造成污染等性能。

一、建筑节能材料的共性

建筑节能材料的共性为表观密度一般不大于 600 kg / m^3；导热系数不大于 0.15 W / (m·K)；抗压强度不小于 0.3 MPa。影响材料的导热系数主要取决于材料的密度、含水率和材料的温度等。

(1) 材料的密度

一般情况下，表观密度小的材料其孔隙率大，导热系数小。孔隙率相同，大孔隙比小孔隙导热系数大。孔隙相互连通比孔隙不相互连通的导热系数大。如用松散的纤维制品，其导热系数最小，一定是最佳表观密度。当表观密度小于最佳表观密度时，孔隙连通，导热系数增大。

(2) 材料的含水率

材料的含水率增大时，导热系数会增大。因为水的导热系数为 0.58 W / (m·K)，大于密闭空气的导热系数[0.023 W / (m·K)]。受潮的绝热材料受冻结冰，导热系数为 2.33 W / (m·K)。

(3) 材料的温度

对建筑围护结构进行保温隔热，通常在常温状态下，不考虑温度对材料导热系数的影响(材料处在 0 ~ 50℃导热系数值一般没有变化)，但在高温时，导热系数会随着温度升高而增大。

(4) 材料的组分和内部构造

材料的组分和内部构造，会影响材料的表观密度和含水率，也会影响热流的延伸方向。材料在自然状态下的体积包含了内部孔隙的表观体积，当孔隙内含有水分时，其质量和体积均有变化。总表面积较大的粉状或颗粒状亲水性材料就具有较强的吸湿性。各向异性材料(如木材等)当热流平行于纤维延伸方向时，热流阻力小；热流垂直于纤维延伸方向时，热流阻力大，导热系数均会有变化。

二、单一墙体保温隔热材料

从材料的保温隔热的角度理解，隔热的计算结果表明：240 mm 厚普通烧结黏土砖、多孔砖等墙体，外侧或内侧不做保温隔热层，一般可满足夏季隔热要求。160 mm 厚加气混泥土砌块(密度为 500 ~ 700 kg / m^3)墙体，可以满足夏季隔热要求。

(1) 多孔砖

多孔砖孔小孔多，孔隙率要求大于 25%，热工性能优于普通烧结黏土砖，导热系数为 0.6 W / (m·K)，与普通烧结砖比较，导热系数降低约 25%。是替代普通烧结砖的节能材料。

(2) 加气混凝土砌块

加气混凝土砌块孔隙率在 70% ~ 80%，气孔孔径 0.5 ~ 2.0 mm，表观密度 400 ~ 700

kg/m^3，强度 2.5 ~ 6.0 MPa，导热系数 0.12 ~ 0.21 W /（m·K）。

该砌块适用于高层框架结构与围护结构。用在严寒地区 200 mm 厚的墙体，保温隔热效果相当于 490 mm 厚的普通烧结砖，新节能标准为了实现节能 50%这一目标，要求外墙平均传热系数符合标准的规定，在单一材料的墙体中，目前，只有加气混凝土砌块墙体能满足这一要求。

（3）加气混凝土的特点

1）具有结构材料必要的强度：表观密度 400 ~ 700 kg/m^3 的，一般强度为 2.5 ~ 6.0 MPa，具备了作为结构材料的必要的强度条件。

2）弹性模量和徐变较普通混凝土小：加气混凝土的弹性模量（$0.147 \times 10^4 \sim 0.245 \times 10^4$ MPa）是普通混凝土（1.96×10^4 MPa）的 1 / 10，在同样荷载下，其变形比普通混凝土大；加气混凝土的徐变系数（0.8 ~ 1.2）比普通混凝土小。

3）耐火性好：受热到 80 ~ 100℃时，才会出现收缩和裂缝，在 70℃以下不会损失强度。

4）耐候性好：加气混凝土的长期强度稳定。

（4）加气混凝土的运用

1）适用于高层框架（框剪）建筑的内外围护结构。

2）自重轻，建筑的地震力小。

3）适合严寒地区墙体保温，有一定的经济效果，具有竞争力。

4）加气混凝土砌块的生产和应用，在国内外已有 30 多年的历史，工艺成熟，应用较为广泛。

（5）主要缺点

与普通混凝土比较，收缩大，抗冻害差，不宜在长期潮湿的环境中使用。

三、复合墙体保温隔热材料

我国自 1996 年实施《民用建筑节能设计标准（采暖居住建筑部分）》（JGJ 26—1995），相继研制开发了多种采用轻质高效的保温材料与外墙相结合的复合墙体，提高了墙体的保温隔热效果。复合材料的节能墙体在欧洲、美国等国家和地区得到了广泛的应用。这种节能性复合外墙体已成为当今我国的主要节能性墙体。

复合墙体按照保温隔热材料设置的位置不同，分为外墙内保温墙体、夹芯保温墙体、外墙外保温墙体。外墙外保温墙体适用于不同气候地区建筑保温，很好地解决了外围护结构的“热桥”问题，减少自然界温度、湿度、紫外线等对建筑主体结构的影响，有利于保护主体结构。与墙体内保温比较，扩大了室内使用空间（平均每户增加使用面积 1.3 ~ 1.8 m^2）。同时，也改善了室内环境。《中国节能技术政策大纲》明确指出“重点推广外保温墙体”。

但是，由于有些建筑施工企业对建筑节能认识的差异性，由于施工操作人员工艺的随意性，使墙体保温出现了不少质量事故或缺陷。如墙体保温效果达不到设计要求，饰面层、保护层开裂，贴面砖空鼓，脱落，墙体渗漏等。

外墙外保温质量事故或缺陷如图 1–2 所示，诱发的室内质量缺陷如图 1–3 所示。

(a)

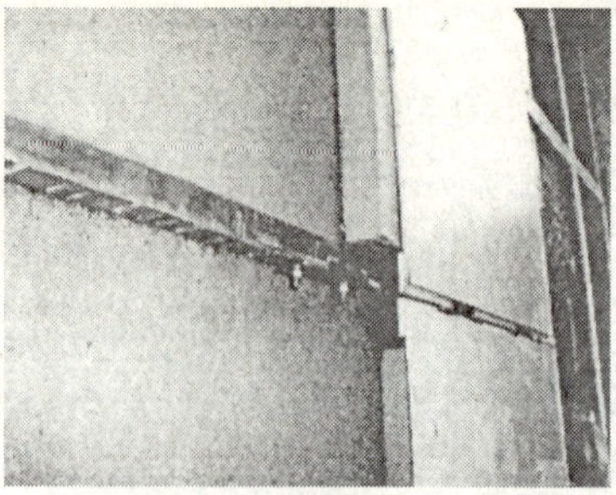

(b)

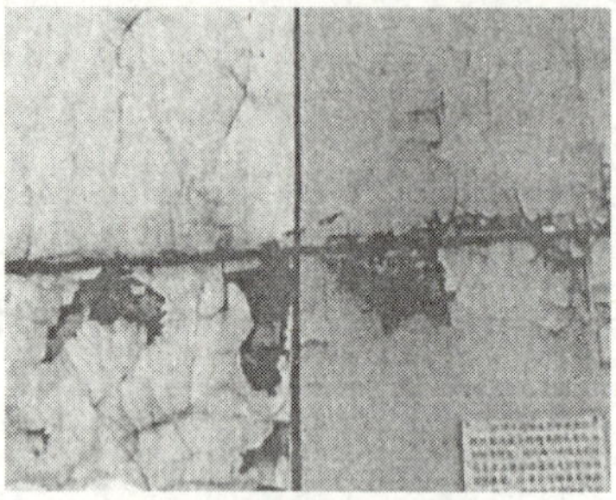

(c)

(d)

(e)

(a)外墙龟裂；(b)外墙保温板连接处未填加保温材料；(c)外墙外保温材料脱落；(d)外墙与墙体连接处保温材料不良；(e)外墙外保温红外检测热工缺陷

图 1-2　维护结构外墙质量事故或缺陷

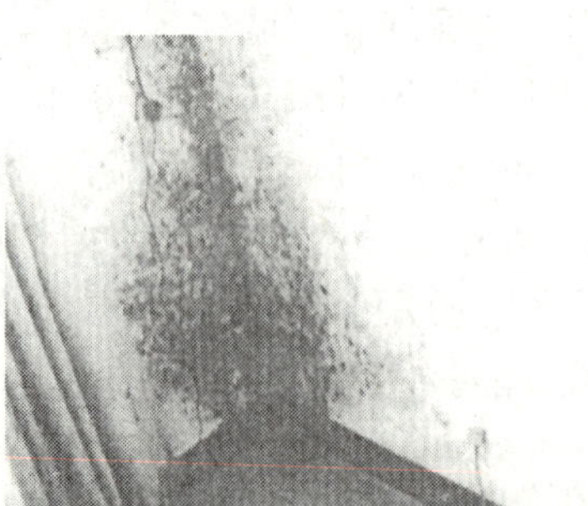

(a)

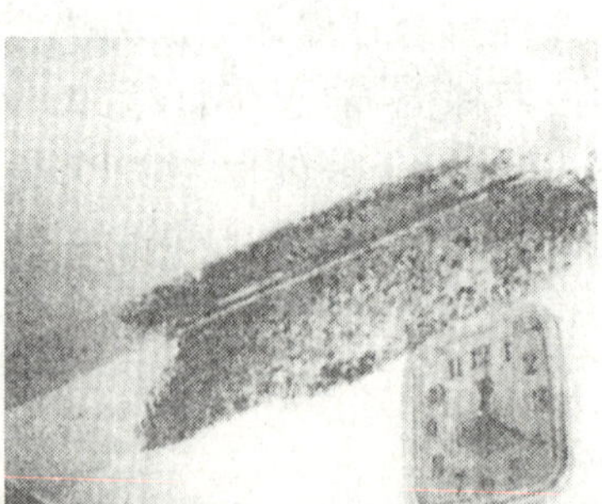

(b)

(a)外保温渗漏室内湿渍；(b)热桥部位(梁)未处理好室内结露长霉

图 1-3　诱发的室内质量缺陷

复合墙体保温隔热材料一般要求密度小，导热系数小，多为轻质、疏松、多孔纤维材料。按照化学组成成分可分为无机材料、有机材料，按照材料形态可分为纤维状，微孔状，发泡状，层状。

（1）岩棉和矿渣棉

岩棉是以精选的玄武石、辉绿石等为主要原料，经高温熔化后制成纤维状，掺入外加剂加工成制品，用于墙体的保温隔热。矿渣棉简称矿棉。矿棉是以高炉矿渣（铜矿渣、铝矿渣等）为主要原料，经高温熔化制成纤维丝状，掺入外加剂加工成板制品。岩棉板用于墙体保温隔热如图 1–4 所示。

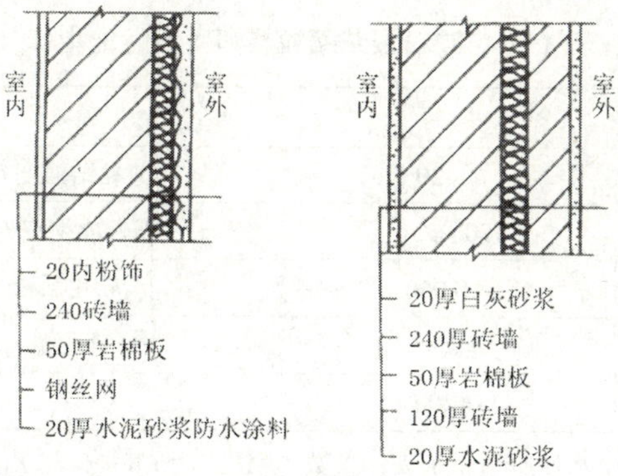

（单位：mm）

图 1–4　岩棉板用于墙体保温隔热

（2）膨胀珍珠岩

膨胀珍珠岩以珍珠岩、松脂岩、黑曜岩矿石破碎筛分后，经高温急剧加热膨胀而成的颗粒状多孔材料。水泥膨胀珍珠岩（水泥：膨胀珍珠岩 = 2：8）和沥青膨胀珠岩（沥青：膨胀珍珠岩 = 2：8）拌合物用于建筑的保温隔热。

（3）聚苯乙烯泡沫塑料

聚苯乙烯泡沫塑料是以聚苯乙烯树脂为基料，加入发泡剂等，按照不同的制成工艺，分为模塑形和挤塑形两种。阻燃型泡沫塑料的特性为质轻、保温、隔热、吸声、抗震性能好，吸水性小，耐低温、耐酸碱，有一定弹性，阻燃、宜加工。适用于外墙外保温。

（4）聚氨酯泡沫塑料

聚氨酯泡沫塑料是一类含有重复的氨基甲酸酯链段的高分子化合物。导热系数为 0.02 ~ 0.03 W /（m·K），远低于其他保温材料。主要特性为孔隙率大于 90%，泡孔多为独立封闭的球形或椭圆形，大多数孔直径小于 0.025 mm，保温性能好，在建筑的保温隔热领域占有一席之地。

（5）原生 EPS 颗粒

原生 EPS 颗粒是采用聚苯乙烯单体及稳定剂、发泡剂等材料发泡而成的。球形的封闭结构密度低，有利于提高压缩弹性。

（6）再生 EPS 颗粒

再生 EPS 颗粒是由回收的原生颗料制成的包装材料破碎加工而成。基本特性与原生 EPS 颗粒相近。主要区别是后者封闭结构被破坏，呈碎状，保温效果略低于原生 EPS

颗粒。但级配好，有利于提高和易性(施工性)和黏结力。《胶粉聚苯颗粒外墙外保温系统》(JGJ 158—2004)规定：EPS 颗料堆积密度为 8～12 kg/m³，粒径(5 mm 筛孔)筛余率≤5%。

(7) 胶粉聚苯颗粒浆料

胶粉聚苯颗粒浆料是由胶粉料和聚苯(EPS)颗粒组成。两相材料的组成为 2：8(胶粉：颗粒，体积比)。其主要成分为：水泥、膨胀剂、火山灰质材料、EPS 颗粒及多种添加剂(渗水剂、引气剂、乳胶粉等)。

胶粉聚苯颗粒浆料主要性能指标见表 1-1。

表 1-1　胶粉聚苯颗粒浆料主要性能指标

项 目	指 标	项 目	指 标
湿表观密度 / (kg/m³)	≤420	压剪黏结强度 / kPa	≥50
干表观密度 / (kg/m³)	180～250	线性收缩率 / %	≤0.3
导热系数 / [W/(m·K)]	≤0.060	软化系数	≥0.5
蓄热系数 / [W/(m²·K)]	≥0.95	难燃性	B1 级
抗压强度 / kPa	≥200		

注：(1) 软化系数——材料耐水性质的一个表示参数。表达式为 $Kp = fw/f$，Kp——材料的软化系数；f——材料在水饱和状态下的抗压强度；f——材料在干燥状态下的抗压强度。软化系数取值范围在 0～1 之间。其值越大，表明材料的耐水性越好。软化系数的大小，有时被作为选用材料的依据。

(2) 难燃性——是指装饰材料燃烧性能的一个等级。一共分为 A(不燃性)、B1(难燃性)、B2(可燃性)、B3(易燃性)。

(3) 线性收缩率——1 M，收缩率小于或等于 3 mm。

胶粉 EPS 颗粒保温浆料具有施工性(可在潮湿的基层上施工)，物理力学性能稳定，收缩率低(不易龟裂)，黏结强度高，不易空鼓、脱落、硬化快。该保温浆料与水泥砂浆性能比较见表 1-2。

表 1-2　胶粉聚苯颗粒浆料与水泥砂浆的主要性能比较

项 目	胶粉聚苯颗粒浆料	水泥砂浆
干密度 / (kg/m³)	≤250	≥1 800
线收缩系数 / (mm/m)	≤0.3	≤0.03
导热系数 / [W/(m·K)]	≤0.06	≥0.93
压缩强度 / MPa	≥0.25	≥5.00
黏结强度 / kPa	≥50	≥60

(8) 无机聚合物保温浆料

无机聚合物保温浆料，是近几年开发的一种环保型高性能保温材料，以表面溶结型膨胀珍珠岩为主，辅以改性膨胀珍珠岩的保温骨料。在与水搅拌的同时，掺入适量的填充料(粉煤灰)、聚苯烯单丝短纤维(增强抗裂)、聚合物添加剂制成的保温浆料。无机聚合物保温砂浆的主要性能见表 1-3。

表 1-3　无机聚合物保温砂浆性能

项目	指标	项目	指标
堆积密度 / (kg/m^3)	≤450	抗压强度	≤2.5
含水率 / %	≤0.8	黏结强度	≤0.4
干密度 / (kg/m^3)	≤520	抗冻性(强度保持率%)	≤75
导热系数 / [W / (m·K)]	≤0.11	干燥收缩率	≥3.0
蓄热系数 / [W / (m^2·K)]	≥3.5		

无机聚合物保温浆料具有防水性。防水机理为:表面熔结型珍珠岩的封闭孔结构,不吸水;聚苯烯单丝短纤维,能抵消浆料硬化初期产生微裂缝拉应力,减少裂缝的产生;聚合物(可再分散聚合物树脂粉末)能减少浆料的孔隙,降低吸水性。

(9) 聚苯(EPS)板

EPS 板由聚苯乙烯和 98%空气组成。板的构造由完全封闭的多面体形蜂窝(蜂窝直径为 0.08 ~ 0.15 mm,蜂窝厚度为 0.000 1 mm)构成。空气长期滞留在蜂窝内,保温隔热效果稳定。影响 EPS 板导热系数的主要因素为:含水率、外界自然温度、EPS 板的密度,颗粒大小等。含水率大,导热系数高;外界温度低,导热系数低。不同密度的 EPS 板温度与导热系数关系如图 1-5 所示。

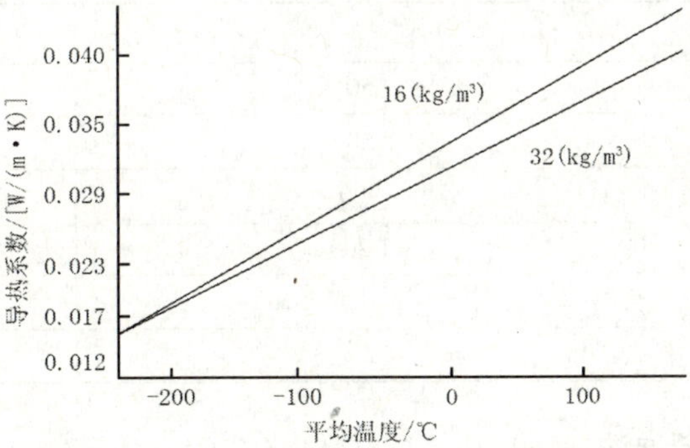

图 1-5　不同密度下温度与导热系数关系

影响 EPS 板吸水率的主要因素:密度和颗粒间的熔结程度。根据以上的物理性质,用于外墙外保温时,既要考虑强度,又要考虑密度,以达到最佳的保温隔热效果。

EPS 板的缺点是稳定性差,这主要是指 EPS 板尺寸的变化。

1) 热效应引起的体形变化:EPS 板热膨胀系数为 0.05 ~ 0.07 mm /℃, 受冷也会产生收缩。温度从 20℃降至 -20℃时,1 m 长的 EPS 板会收缩 2 ~ 5 mm。

2) 后收缩引起的变化:后收缩是指 EPS 板中残留发泡剂向外扩散时,引起的尺寸变化。后收缩为 0.3% ~ 0.5%。使用 EPS 板出厂前要在自然条件下陈化 42 d 或在 60℃水蒸气中陈化 6 d,这主要是避免 EPS 板收缩引起外墙饰面层出现裂缝。裂缝会降低保温效果,会造成墙体渗漏。

EPS 板性能见表 1-4。

表 1-4　保温材料 EPS 板的性能

项　目		国标性能指标《绝热用聚苯板》（GB / T 10801.1—2002）			外保温用指标
表面密度 / (kg / m^3)		≥15.0	≥20.0	≥30.0	≥18
导热系数 / [W / (m·K)]		≤0.041		≤0.039	≤0.041
尺寸稳定性 / %		≤4	≤3	≤2	≤0.6
水蒸气透过系数 / [ng / (Pa·m·s)]		≤6	≤4.5	≤4.5	≤4.5
吸水率 / %		≤6	≤4	≤2	≤4
熔结性	断裂弯曲负荷 / N	≥15	≥25	≥35	≥25
	弯曲变形 / mm				≥20
燃烧性能	氧指数 / %	≥30			≥30
	燃烧分级	B2			B2
抗拉强度 / kPa					≥100
压缩强度 / MPa					≥100

EPS 板几何尺寸允许偏差见表 1-5。

表 1-5　EPS 板允许偏差

项　目		允许偏差
厚度 / mm	50	± 1.5
	50	± 2.0
长度 / mm	900	± 1.5
	1 200	± 2.0
宽带 / mm		± 1.5
对角线差 / mm		± 3.0

（10）挤塑聚苯乙烯泡沫（XPS）板

挤塑聚苯乙烯泡沫板是指以聚苯乙烯树脂为主要成分，掺入少量添加剂，加热挤塑成形的硬度泡沫塑料板材。其导热系数低，仅为 0.028 [W / (m·K)]，保温性能优于 EPS 板。具有完全的封闭结构，组织结构均匀，致密、压抗、抗拉强度高，吸水率低，化学结构稳定，耐候性好。挤塑聚苯乙烯泡沫（XPS）板主要性能见表 1-6。

表 1-6　挤塑板（XPS）的性能指标

项　目	性能指标
表观密度 / (kg / m^3)	28 ~ 45
导热系数 / [W / (m·K)]	≤0.028
垂直于板面方向的抗拉强度 / MPa	≥0.15
尺寸稳定性（70℃，48 h）/ %	≤1.0

1）XPS 板的缺点：环境温差易引起弯曲变形。密度大于 EPS 板。表面光滑黏结性能差，用于外墙外保温易产生空鼓，故安装前必须使用界面剂。

2）XPS 板与 EPS 板主要区别：XPS 板与 EPS 板，主要成分基本相同，但因制作工艺不同，EPS 板存在未封闭的空间，有可能成为水分子进入的空隙，XPS 板具有均匀连续的平滑表面。两者结构不同，决定了两者物理、化学性能的差异。

（11）外墙外保温系统机械锚固件

这里的锚固件是指加强保温板材与基层（墙体）之间的黏结件。一般指螺栓、固定圆片、尼龙管等，起到加强连接确保安全的作用。外墙外保温系统机械锚固件主要性能指标见表 1–7。

表 1–7　外墙外保温系统的机械锚固件的性能指标

试验项目	技术指标	试验项目	技术指标
锚栓有效深度	≥25 mm	单个锚栓抗拉承载力标准值	≥0.030 kN
塑料圆盘直径	≥50 mm	单个锚栓对系统传热增加值	≤0.004［W /（m^2·K）］

（12）外墙外保温系统玻纤网

通俗地讲，就是用塑料做成的网格布。网眼的宽度一般为 3 ~ 7 mm，用于外墙外保温抗裂砂浆抹灰层中，主要能抵消砂浆层干缩裂缝，又能耐水泥溶解产生的氢氧化钙（碱性），具有很长的使用寿命。玻纤网主要性能见表 1–8。

表 1–8　玻纤网性能指标

试验项目	性能指标	试验项目	性能指标
单位面积质量 /（g / m^2）	≥130	耐碱断裂强力保留率（经、纬向）/ %	≥50
耐碱断裂强力（经、纬向）/（N / 50 mm）	≥750	断裂应变（经、纬向）/ %	≤5.0

四、门窗保温隔热材料

门窗的能耗仅次于外墙。究其原因：一是门窗的导热系数高于墙体；二是建筑的现代化带来了门窗面积的增加。冬季增加采暖的能耗，夏季增加空调的负荷。改善的主要途径为改用传热的系数小的框料以及阻断热桥，减少门窗的热量消耗；改善门窗的制作安装工艺，减少空气渗透，减少冷风渗透耗能。

材料是门窗节能工程的物质基础：

（1）门窗材料

1）门窗性能：我国目前使用的门窗性能比较见表 1–9。

2）窗户选择：窗户的传热系数和气密性是决定保温节能效果的主要指标。按节能设计标准选用合适的窗户。窗户的传热系数比较见表 1–10。

普通单层、双层钢窗气密性分别为 1 ~ 2 级，都不能满足节能要求。制作和安装质量良好的推拉（或平开）塑料窗和铝合金窗，气密性能达到 3 ~ 4 级，可满足节能标准对窗户气密性要求。

表 1–9　目前我国使用门窗性能比较

特 性	窗户类型					
	钢窗	铝合金窗	木窗	塑料窗	塑钢窗	断桥铝合金窗
保温性	差	差	优	优	优	优
抗风性	优	良	良	差	良	良
空气渗透性	差	良	差	良	优	优
雨水渗透性	差	差	差	良	良	良
耐火性	优	优	差	差	差	良

表 1–10　窗户的传热系数比较

窗框材料	窗户类型	空气层厚度 / mm	窗框窗洞面积比 / %	传热系数 K / [W / (m^2·K)]
钢、铝	单层窗	—	20 ~ 30	6.4
	单框双玻窗	12	20 ~ 30	3.9
		16	20 ~ 30	3.7
		20 ~ 30	20 ~ 30	3.6
	双层窗	100 ~ 140	20 ~ 30	3.0
	单层 + 单框双玻窗	100 ~ 140	20 ~ 30	2.5
木、塑料	单层窗	—	30 ~ 40	4.7
	单框双玻窗	12	30 ~ 40	2.7
		16	30 ~ 40	2.6
		20 ~ 30	30 ~ 40	2.5
	双层窗	100 ~ 140	30 ~ 40	2.3
	单层 + 单框双玻窗	100 ~ 140	30 ~ 40	2.0

3）PVC 塑钢节能门窗：聚氯乙烯塑料门窗，因框料内附有薄壁方钢，增强刚性，故称塑钢门窗。该门窗外形、色彩美观，使用寿命可达 20 年以上。

PVC 塑钢节能门窗保温性能和气密性能好，能达到节能的标准。

门窗的抗风压性能见表 1–11。

表 1–11　门窗的抗风压性能

单位：Pa

等 级	6	5	4	3	2	1
W_c	≥3 500	< 3 500 ≥3 000	< 3 000 ≥2 500	< 2 500 ≥2 000	< 2 000 ≥1 500	< 1 500 ≥1 000

门窗的空气渗透性能见表 1–12。

门窗的雨水渗透性能见表 1–13。

门窗的保温性能见表 1–14。

表 1-12　门窗的空气渗透性能

单位：[m³/(h·m)]

形式 \ 等级	5	4	3	2	1
门	—	≤0.1	>1.0 ≤1.5	>1.5 ≤2.0	>2.0 ≤2.5
平开窗	≤0.5	>0.5 ≤1.0	>1.0 ≤1.5	>1.5 ≤2.0	—
推拉窗	—	≤1.0	>1.0 ≤1.5	>1.5 ≤2.0	>2.0 ≤2.5

注：(1) 表中数值是压力差为 10 Pa 单位缝长空气渗透量。

(2) 门的空气渗透量的合格指标为 $<2.5\ m^3/(h\cdot m)$。

(3) 推拉窗的空气渗透量的合格指标为 $<2.5\ m^3/(h\cdot m)$、平开窗为 $<2.0\ m^3/(h\cdot m)$。

表 1-13　门窗的雨水渗透性能

单位：ΔP/Pa

等 级	6	5	4	3	2	1
ΔP/Pa	≥600	<600 ≥500	<500 ≥350	<350 ≥250	<250 ≥150	<150 ≥100

注：(1) 在表中所列压力等级下，以雨水不进入室内为合格。

(2) 雨水渗透性能的最低合格指标≥100 Pa。

表 1-14　门窗的保温性能

单位：$W/(m^2\cdot K)$

形式 \ 等级	4	3	2	1
窗	≤2.00	>2.00 ≤3.00	>3.00 ≤4.00	>4.00 ≤5.00
平开门	≤2.00	>2.00 ≤3.00	>3.00 ≤4.00	>4.00 ≤5.00
推拉门	—	>2.00 ≤3.00	>3.00 ≤4.00	>4.00 ≤5.00

PVC 塑钢的选用，除考虑上述性能参数外，还要考虑应用的地区、建筑体形、高度、窗形结构等因素。

窗户由窗框和玻璃两部分构成。窗框与窗洞面积比通常为 25%～40%。金属窗框导热系数比木、塑料窗框大 360～1 260 倍，木、塑窗框保温效果好，但刚度不如金属窗框。现已开发出铝合金窗框断热节能型框架。

节能标准对门窗气密性的要求见表 1-15。

(2) 门窗用玻璃制品

改善窗户的保温性能，可以增加窗玻璃层数，利用玻璃之间的密闭空气间层，降低窗户的传热系数。经测试，双层玻璃比单层玻璃可降低传热系数 1/2。采用节能玻璃保温效果更好。节能玻璃改善了普通玻璃太阳辐射透过率高，传热系数高的缺点。

表 1-15　节能标准对门窗气密性的要求

建筑层数	气密性等级	空气渗透量 q_0/[m^3/(m·h)]
低层和多层(1~6 层)	2	≤2.5
中高层和高层(7~30 层)	5	≤1.5

注:空气渗透量 q_0 系指门窗试件两侧窗气压力差为 10 Pa 条件下,每小时通过每米缝长的空气渗透量。

1) 热反射玻璃(镀膜玻璃):热反射玻璃是对太阳光具有较高的反射能力和良好的透光性。玻璃表面有一层极薄金属或金属氧化物膜,因此也称为镀膜玻璃。

规格和性能

① 镀膜玻璃的规格。热反射玻璃厚度分为 3 mm、4 mm、5 mm、6 mm、8 mm、10 mm、12 mm 七种规格。热反射玻璃的长度、宽度不作规定,目前可生产的最大尺寸可达 2 000 mm × 3 000 mm。

② 性能。热反射玻璃的光学性能、色差、耐磨性能均应满足相关规定的要求。

热反射玻璃具有良好的隔热性能,可保证夏季室内温度稳定,降低制冷空调能耗,用做玻璃幕墙的复合面是今后的发展方向。

镀膜玻璃按产品特性的不同,可分为热反射玻璃,低发射率玻璃(LOW-E 玻璃)。在建筑节能工程上用得最多的是上述两种玻璃。低发射率玻璃主要特点是具有减少辐射传热的功能,有效降低玻璃的传热系数。所以要根据不同地区的气候特点,选择使用不同的玻璃,使门窗节能工程达到最佳效果。

2) 中空玻璃:中空玻璃是由两片(或两片以上)平行的玻璃板黏合而成的玻璃组件。两片玻璃板间通过间隔条(注满专用干燥剂——高效分子吸附剂)隔出一定宽度空间,并用高强度密封胶沿着玻璃四周边密封。中空玻璃构造上有空气夹层,降低了传热系数。根据玻璃构造不同,中空玻璃有 PET 双中空玻璃,LOW-E 中空玻璃等多个品种。中空玻璃的夹层如充装氩气等惰性气体,热阻更大。

① 中空玻璃的技术性能见表 1-16。防结露使用如图 1-6 所示。

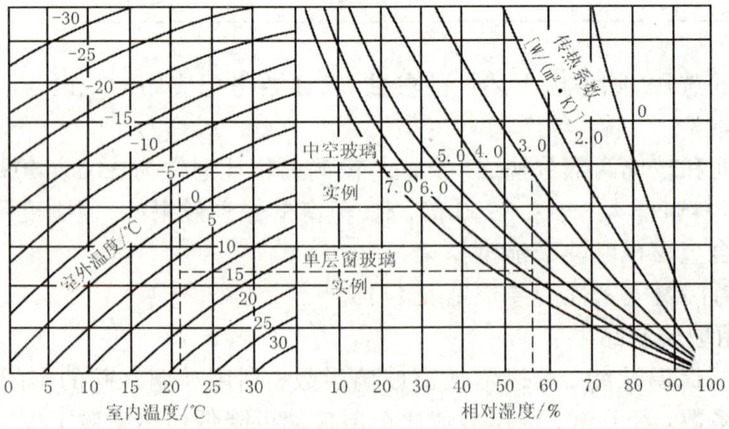

图 1-6　中空玻璃防结露使用

表 1-16　中空玻璃的技术性能

光学性能	根据所用的玻璃原片，中空玻璃可以具有各种不同的光学性能 可见光透过率范围：10%～80% 光反射率范围：25%～80% 总透过率范围：25%～50%
热性能	在某些条件下，其绝热性可优于混凝土墙。据统计，一些欧洲国家采用中空玻璃窗比普通单层窗每平方米可节省燃油 40～50 L
隔声性能	其噪声效果通常与噪声的种类、声强等有关。一般可使噪声下降 30～44 dB，交通噪声可降低 31～38 dB，即可将街道汽车隔声降低到学校教室的安静程度
露点	在通常情况下，中空玻璃接触室内高湿度空气的时候玻璃表面温度较高，而外层玻璃虽然湿度低，但接触的空气湿度也低，所以不会结露，中空玻璃内部空气的干燥度是中空玻璃最重要的质量指标，中空玻璃应保证内部露点在 -40℃以下 中空玻璃防露如图 1-6 所示，例如当室内温度为 21℃，相对湿度为 57%，中空玻璃（空间距离为 12 mm）传热系数 3.0［W/(m^2·K)］，室外温度 -6℃以上时不结露，相同情况下，单层玻璃［传热系数为 5.6［W/(m^2·K)］在室外温度为 7℃时，已结露

中空玻璃在国外建筑物中采用已非常普遍，发达国家建筑外门窗 80%以上都使用中空玻璃，其中 80%使用低辐射率玻璃。美国不仅在新建筑物中使用中空玻璃，而且在旧建筑物中也用中空玻璃替换单层玻璃。德国则以法律形式规定"所有建筑物必须全部采用中空玻璃，禁止把普通玻璃用作窗玻璃"。日本从 1975 年开始将中空玻璃用于住宅建筑，并规定"北海道等寒冷地区一律采用中空玻璃"。

② 中空玻璃选用的原则。选用中空玻璃原片厚度和使用规格，主要取决于使用状态的风压载荷。对于四周固定垂直安装的中空玻璃，其厚度及最大尺寸的选择原则如下：

- 玻璃最小厚度所能承受的平均风压（双层中空玻璃所能承受的风压为单层玻璃的 1.5 倍）。
- 最大平均风压不超过玻璃的使用强度。
- 玻璃最大尺寸所能承受的平均风压。

中空玻璃使用范围具有局限性。如夏热冬暖地区，温差传热仅占全年能耗的 15%左右，另外约 85%的能耗来自太阳辐射，中空玻璃与单层玻璃相比，夏季容易形成温室效应。若在严寒地区使用，还有待于进一步提高中空玻璃的热阻。

（3）真空玻璃

将玻璃层之间的气体抽成真空，称为真空玻璃。真空玻璃是将两片平板玻璃四周加以密封，其间隙抽真空并密封排气口。标准真空玻璃的夹层内气压一般只有几大气压（Pa），由于夹层空气极其稀薄，热传系数小，比中空玻璃有更好的隔热保温和防结露等性能。标准真空玻璃的导热系数可降至 1.4［W/(m^2·K)］，是中空玻璃的两倍、单片玻璃的 4 倍。

真空玻璃和中空玻璃结构剖面示意如图 1-7 所示。

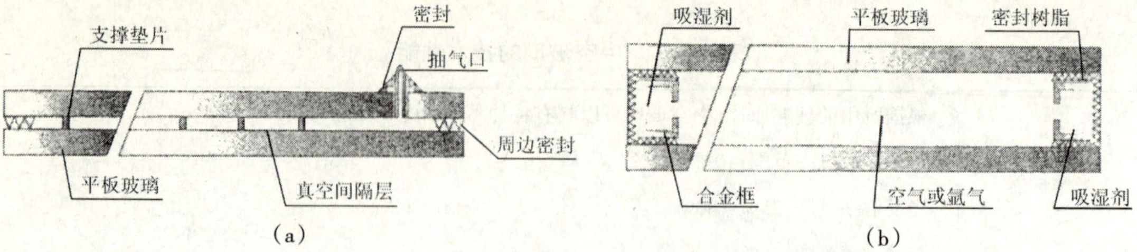

(a)真空玻璃；(b)中空玻璃

图 1-7　真空玻璃、中空玻璃结构剖面示意

第四节　热工分区

我国建筑气候区划分是在综合分析和主导因素相结合的原则指导下，把全国划分 7 个一级区、20 个二级区。中国建筑气候一级区区划指标见表 1-17。

表 1-17　中国建筑气候一级区区划指标

区 名	主要指标	辅助指标	各区辖行政区范围
Ⅰ	1 月平均气温≤-10℃；7 月平均气温≤25℃；7 月平均相对湿度≥50%	年降水量 200～800 mm；年日平均气温≤5℃的日数≥145 d	黑龙江、吉林全境；辽宁大部；内蒙古中、北部及陕西、山西、河北、北京北部的部分地区
Ⅱ	1 月平均气温 -10～0℃；7 月平均气温 18～28℃	年日平均气温≥25℃的日数＜80 d；年日平均气温≤5℃的日数 145～90 d	天津、山东、宁夏全境；北京、河北、山西、陕西大部；辽宁南部；甘肃中东部；河南、安徽、江苏北部的部分地区
Ⅲ	1 月平均气温 0～10℃；7 月平均气温 25～30℃	年日平均气温≥25℃的日数 40～110 d；年日平均气温≤5℃的日数 0～90 d	上海、重庆、浙江、江西、湖北、湖南全境；江苏、安徽、四川大部；陕西、河南南部；贵州东部；福建、广东、广西北部；甘肃南部的部分地区
Ⅳ	1 月平均气温＞10℃；7 月平均气温 25～29℃	年日平均气温≥25℃的日数 100～200 d	海南、台湾全境；福建南部；广东、广西大部；云南南部和元江河谷地区
Ⅴ	7 月平均气温 18～25℃；1 月平均气温 0～13℃	年日平均气温≤5℃的日数 0～90 d	云南大部；贵州、四川西南部；西藏南部一小部分地区
Ⅵ	7 月平均气温＜18℃；1 月平均气温 0～-22℃	年日平均气温≤5℃的日数 90～285 d	青海全境；西藏大部；四川西部、甘肃西南部；新疆南部部分地区
Ⅶ	7 月平均气温≥18℃；1 月平均气温 -5～20℃；7 月平均相对湿度＜50%	年降水量 10～600 mm；年日平均气温≥25℃的日数＜120 d；年日平均气温≤5℃的日数 110～180 d	新疆大部；甘肃北部；内蒙古西部

不同的气候条件,对建筑提出了不同的要求。炎热地区需要通风、遮阳、隔热;寒冷地区需要采暖、防寒、保温。为了在建筑和气候之间建立科学联系,使建筑节能充分利用气候条件,从建筑热工设计的角度把我国划分为 5 个气候区,如图 1-8 所示。

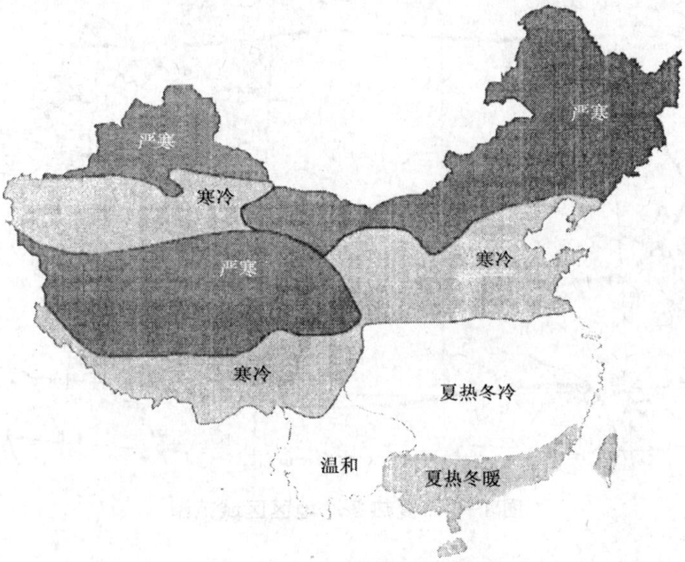

图 1-8 全国建筑热工分区图

一、严寒和寒冷地区

在严寒和寒冷地区,冬天最低气温可降到 -30℃ ~ -10℃。采暖是生存的基本需求。

根据严寒和寒冷地区的气候特征,建筑首先要保证围护结构热工性能满足冬季保温要求,并兼顾夏季隔热。通过降低建筑体形系数、采取合理的窗墙比、提高外墙及屋顶和外窗的保温性能,以及尽可能利用太阳的热等,可以有效地降低采暖能耗。冬季保温措施有:

(1) 建筑宜设在避风地段,或建筑群布局中应将板式高层建筑布置在冬季主导风向,低层布置在夏季主导风向。

(2) 建筑宜在向阳地段,尽量争取主要房间有较多的日照。

(3) 建筑体形系数应尽量小,平、立面不宜出现过多的凹凸面。

(4) 避免开敞式楼梯间和冷外廊,出入口设置门斗。

(5) 建筑北侧宜布置次要房间,北向窗户的面积应尽量小,同时适当控制东西朝向的窗墙比和单窗尺寸。

(6) 有效隔断在外墙和屋顶中的各种接缝和混凝土或金属嵌入体构成的各种热桥。

(7) 对于阳台、挑台这些挑出建筑主体的部分,则应采取脱离建筑主体的独立构造体系,以有效防止冷桥的出现减少主体建筑的散热。

二、夏热冬冷地区

夏热冬冷地区大致范围为陇海线以南,南岭以北,四川盆地以东,包括上海、重庆两直辖市,湖北、湖南、江西、安徽、浙江五省全部,四川、贵州两省东半部,江苏、河南两省南半部，福建省北半部，陕西、甘肃两省南端，广东、广西两省区北端，涉及 16 个省、市、自治区，如图 1–9 所示。

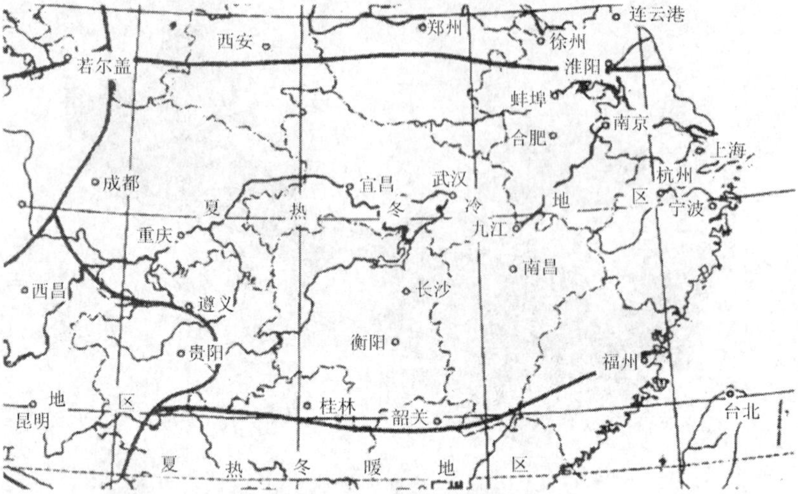

图 1–9　夏热冬冷地区区域范围

该地区面积约 180 万 km^2，人口 5.5 亿左右，国内生产总值约占全国的 48%，属人口密集、经济发达的地区。过去，基本上都属于非采暖地区，建筑基本不考虑采暖的要求，居住建筑的设计对保温隔热问题不够重视，围护结构的热工性能普遍很差，传统的建筑围护结构是 240 mm 普通黏土砖墙、简单架空层面和单层玻璃的窗，它们的传热系数分别为 1.96 [W/(m^2·K)]、1.66 [W/(m^2·K)]和 6.6 [W/(m^2·K)]。

根据夏热冬冷地区的气候特征，围护结构的热工性能首先要保证夏季隔热，并兼顾冬季防寒。

夏热冬冷地区，夏季太阳辐射强，持续时间久，因此要特别强调外窗遮阳、外墙和屋顶隔热。通过提高优化屋顶和东、西墙的保温隔热，尽可能降低这些外墙的内表面温度。利用外遮阳等方式避免或减少主要功能房间的东晒或西晒。

三、夏热冬暖地区

夏热冬暖地区包括海南、广东、广西大部分及台湾、云南等省市自治区。

夏热冬暖地区，冬季暖和，夏季太阳辐射强烈，平均气温偏高。改善夏季室内热环境，建筑节能应以屋顶、外墙的隔热和外窗的遮阳为主要手段，一般不考虑冬季保温。

四、温和地区

温和地区在建筑节能材料选择上一般可考虑中等蓄热性能的材料。

围护结构，采用浅色屋顶材料。南向窗户设置外遮阳，东西朝向窗户设置活动遮阳，以实现夏季遮阳和冬季加强日照功能。

第二章　墙体节能工程

建筑节能工程作为单位工程的一个分部工程，其分项工程的划分，体现了“节能”。建筑节能分项工程划分见表 2-1。

表 2-1　建筑节能分项工程划分

序号	分项工程	主要验收内容
1	墙体节能工程	主体结构基层；保温材料；饰面层等
2	幕墙节能	主体结构基层；隔热材料；保温材料；隔气层；幕墙玻璃；单元幕墙板块；通风换气系统；遮阳设施；冷凝水收集排放系统等
3	门窗节能工程	门；窗；玻璃；遮阳设施等
4	屋面节能工程	基层；保温隔热层；保护层；防水层；面层等
5	地面节能工程	基层；保温隔热层；隔离层；保护层；防水层；面层等
6	采暖节能工程	系统制式；散热器；阀门与仪表；热力入口装置；保温材料；调试等
7	通风与空气调节节能工程	系统制式；通风与空调设备；阀门与仪表；绝热材料；调试等
8	空调与采暖系统的冷热源及管网节能工程	系统制式；冷热源设备；辅助设备；管网；阀门与仪表；绝热；保温材料；调试等
9	配电与照明节能工程	低压配电电源；照明光源；灯具；附属装置；控制功能；调试等
10	监测与控制节能工程	冷、热源系统的监测控制系统；空调水系统的监测控制系统；通风与空调系统的监测控制系统；监测与计量装置；供配电的监测控制系统；照明自动控制系统；综合控制系统等

墙体节能工程为第一个分项工程，是单位工程整个围护结构的主要组成内容。建筑节能施工和施工质量验收，对能否满足建筑节能设计要求，都有重要意义。

第一节　外墙外保温系统

墙体节能工程，我们理解为外墙外保温系统，有利于把握重点。

一、外墙外保温系统的分类

外墙外保温系统，是指由保温层、保护层和固定材料（胶黏剂、锚固件等）构成，并适用于安装在外墙外表面的非承重保温构造的总称。按保温层固定方法，可分为单纯黏结系统；附加以机械固定黏结系统（荷载完全由黏结层承受，机械固定仅在胶黏剂干燥之前起稳定作用);以黏结为辅助的机械固定系统;单纯机械固定系统。

按使用的材料和施工方法分为:EPS 板薄抹灰外墙保温系统;胶粉 EPS 颗粒保温浆料外墙保温系统;EPS 板现浇混凝土外墙外保温系统;EPS 钢丝网架板现浇混凝土外墙保温系统;机械固定 EPS 丝网架板外墙外保温系统。

为了科学合理地提高外墙外保温建筑节能效果,我国通过近 20 年对外墙外保温的材料、技术的研究,取得了阶段性成果。除《外墙外保温工程技术规程》(JGJ 144—2008)所推荐上述 5 种外墙外保温系统之外,现场喷涂硬泡聚氨酯外墙外保温系统、岩棉外墙外保温系统、XPS 板薄抹灰外保温系统等也多见于工程实践,为建筑节能提供了更多的选择。

外墙保温的发展趋势为开发具有高效保温、防火的外墙外保温系统(EPS 板、XPS 板防火性能差,留下了不安全的隐患);开发保温、装饰、一体化外墙外保温系统;开发既有建筑节能改造系统;开发农村低层节能房屋外墙外保温系统等。

《外墙外保温工程技术规程》(JGJ 144—2008),把外保温工程作为一个分部,又细分为子分部工程和分项工程见表 2-2。

表 2-2　外保温工程子分部工程和分项工程划分

分部工程	子分部工程	分项工程
外保温	SPS 板薄抹灰系统	基层处理,黏贴 SPS 板,抹面层,变形缝,饰面层
	保温浆料系统	基层处理,抹胶粉 EPS 颗粒保温浆料,抹面层,变形缝,饰面层
	无网现浇系统	固定 EPS,现浇板混凝土,EPS 局部找平,抹面层,变形缝,饰面层
	有网现浇系统	固定 EPS 钢丝网架板,现浇混凝土,抹面层,变形缝,饰面层
	机械固定系统	基层处理,安装固定件,固定 EPS 钢丝网架板,抹面层,变形缝,饰面层

二、外墙外保温工程的施工技术及质量控制要点

(1) EPS 板薄抹灰外墙保温系统

EPS 板薄抹灰外墙保温系统如图 2-1 所示。

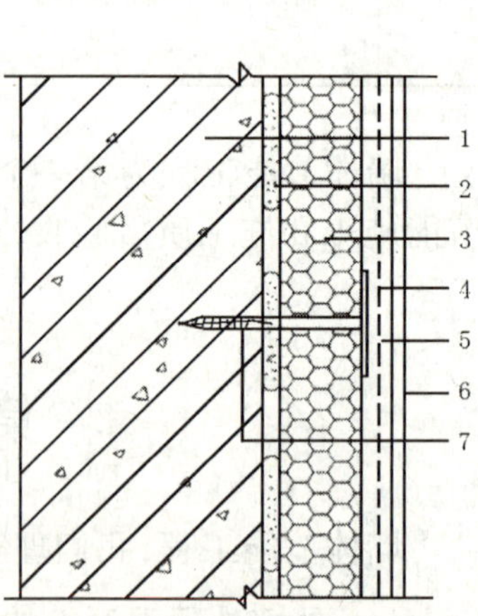

1—基层;2—胶黏剂;3—EPS 板;4—玻纤网;5—薄抹面层;6—饰面涂层;7—锚栓

图 2-1　EPS 板薄抹灰系统

1) EPS 板薄抹灰外墙外保温施工质量控制要点:

① 施工环境。施工环境主要是指部分保温材料在施工过程中受潮或浸水会将水分带入保温系统中,不仅会降低体系的保温效果,而且会发生层间结露。保温材料不宜在雨雪天气中露天施工。

② 基层处理。基层是指外保温系统所依附的外墙(如砌体、混凝土柱、梁等)。外墙保温施工,一般多在主体结构完成后进行,基层的质量应符合相关施工质量验收规范的要求,做到“干燥、清洁、平整”。

③ EPS 板黏贴。为了确保黏结牢固,施工前,应做基层与胶黏剂拉伸黏结强度检验。方法为在每种类型的基层墙体表面上取 5 处有代表性部位,分别涂胶黏剂或界

面砂浆，面积为 3 ~ 4 m^2，厚度为 2 ~ 5 mm，干燥后，按 JGJ110 规定进行试验。与 EPS 板的拉伸黏结强度在干燥或浸水 48 h 后，均不得小于 0.1 MPa，并且破坏部位应位于 EPS 板内（关键是检验胶黏剂与 EPS 板的附着力）。黏结 EPS 板时，把胶黏剂涂在 EPS 板背面，涂胶面积不得小于 EPS 板面的 40%。

黏贴方法有点框黏法和条黏法。

● 点框黏法：沿 EPS 板的周边涂抹黏结胶，胶带宽 50 mm，厚 10 mm。当采用标准尺寸（600 mm × 1 200 mm）EPS 板时，应在板面的中间部位均匀布置 5 个黏结点，每点直径为 100 mm，胶厚 10 mm，。当采用非标准尺寸 EPS 板时，板面中间部位涂抹 4 ~ 6 个胶结点，如图 2–2 所示。

图 2–2　点黏法示意图

● 条黏法：在每块 EPS 板（标准板尺寸为 600 mm × 1 200 mm）面用锯齿镘刀满涂宽约 80 mm 的胶黏剂，胶黏剂厚度约 5 ~ 10 mm，黏结条间距约 120 mm，必须保证聚苯板与基层墙面的黏结面积达到 40%以上，如图 2–3 所示。

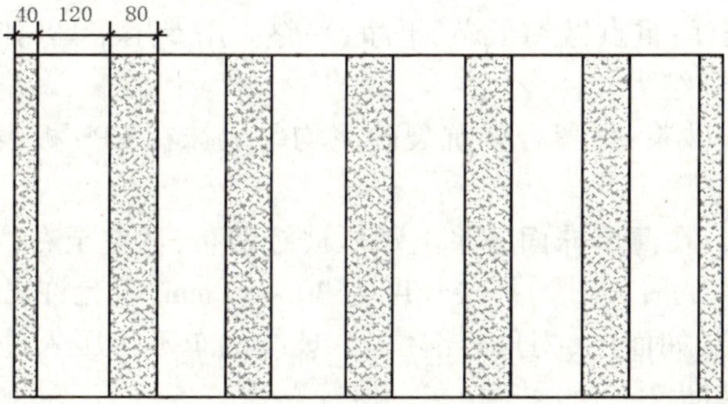

图 2–3　条黏法示意图

④ EPS 板布置

● 墙角处：EPS 板应按顺砌方式黏贴，竖缝应逐行错缝。墙角处 EPS 板应交错互锁，如图 2–4 所示。

● 门窗洞口处：门窗洞口四角处 EPS 板不得拼接，应采用整块 EPS 板切割成形，EPS 板接缝应离开角部至少 200 mm，如图 2-5 所示。

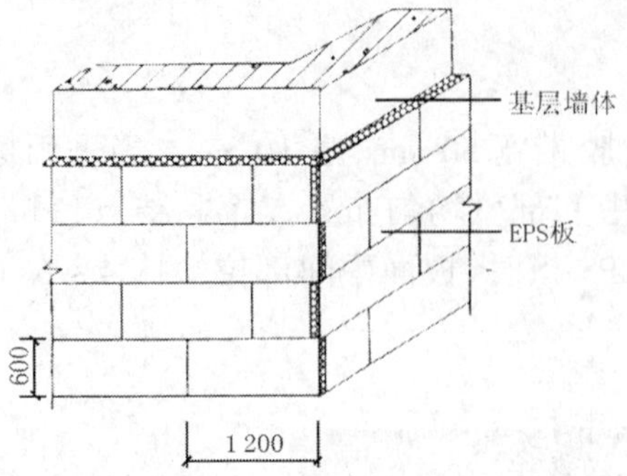

图 2-4　EPS 板交错互锁

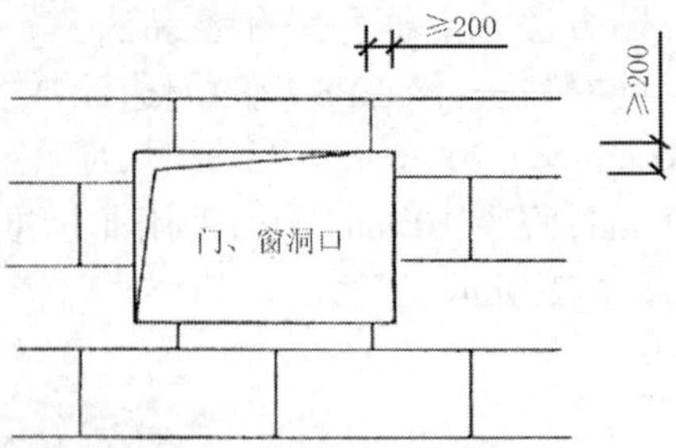

图 2-5　门窗洞口 EPS 板排列

门窗洞口 EPS 板排列，是因为门窗四角应力集中部位，避免因有板缝而产生裂缝。

采用的 EPS 板宽度不宜大于 1 200 mm，高度不宜大于 600 mm。尺寸过大，可能因基层和 EPS 板的不平整，而导致虚黏；尺寸过小，不利调整板面平整度，也会增加施工难度。

EPS 板粘贴高度在 20 m 以上时，在受负风压作用较大的部位，宜使用锚栓辅助固定。风荷载比外墙外保温系统的自重大得多，而且风荷载作用于建筑物的压力分布是极不均匀的。当外墙局部受负风压较大时（负风压是在背风面由大气压产生的吸力），有空腔的外墙外保温系统的空腔压力与外表面的压力差会增大，故向外产生一个推力，造成保温墙面的破坏。因为起破坏作用的主要是负风压，用锚栓辅助固定，主要是为了确保保温系统的安全性。但不能因使用锚栓而放松黏结的固定性能。应当明确仍是由胶黏剂承受系统的全部荷载。

薄抹灰。薄抹灰工艺过程：薄抹面胶浆→贴压耐碱玻纤网布→加强玻纤网布→细部处理。

⑤ 施工要点

● EPS 板面层处理：重点做到干燥、干净、平整。用专用工具（如细麻面抹子）将 EPS 板表面打毛，以增强黏结力。

● 抹聚合物抗裂砂浆：把聚合物抗裂砂浆均匀地抹在 EPS 板表面，厚度控制为 2 ~ 3 mm。

● 贴压玻纤网布：在薄层抹面胶浆上贴压玻纤网布，从左至右、从上而下贴压。做到铺贴连续、平整，不得皱褶、外露。搭接长度为 30 ~ 50 mm，不允许出现空鼓。加强网应贴压在容易开裂的部位（如面层、拐角等部位）。玻纤网布不得压入过深，表面必须暴露在底层砂浆的面上。如图 2-6 所示。

加强网按照制作材料可分为金属网、耐碱玻璃纤维网格布两类。保温层面的饰面层，常使用防裂砂浆作为保护层和装饰层，其厚度一般只有几毫米到十几毫米。这样薄的抹面层置于轻质的保温层面，容易开裂。施工中在抹面砂浆层中增贴加强网，防裂效果就会大大增强。

墙体的具体做法如图 2-7、2-8 所示。

图 2-6 铺压耐碱玻纤网格布

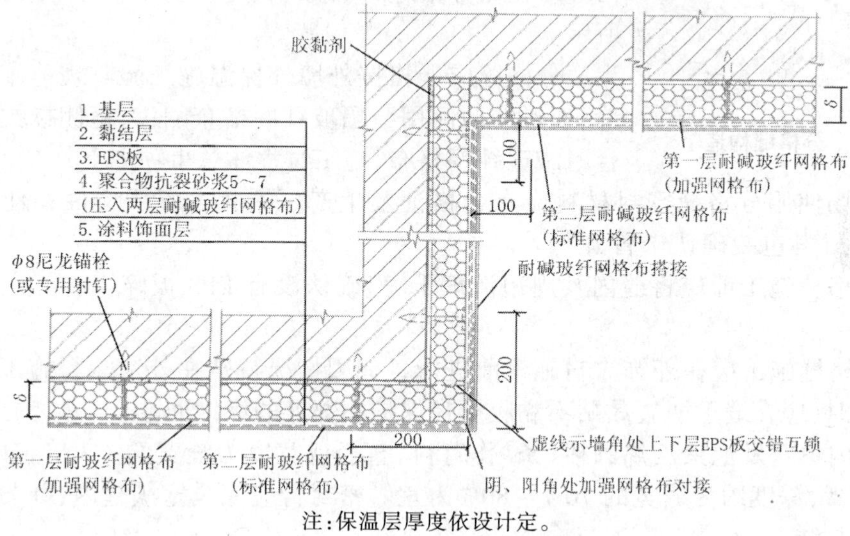

注：保温层厚度依设计定。

图 2-7 首层墙体及墙角构造

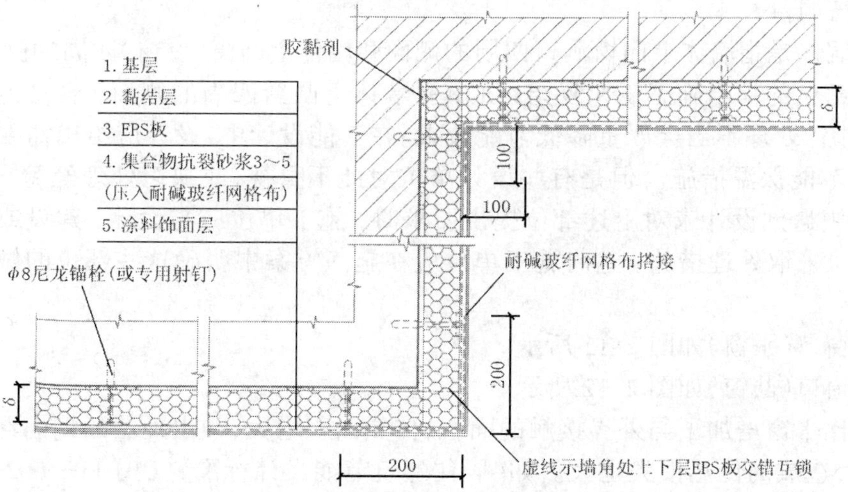

注：保温层厚度依设计定。

图 2-8 二层及二层以上墙体和墙角构造

与普通砂浆相比，保温层的饰面层强度相对较低。墙体上容易碰撞损伤的阳角、门窗洞口及不同材料基体的交接处等特殊部位，容易出现开裂和破损，故要采取加强措施。

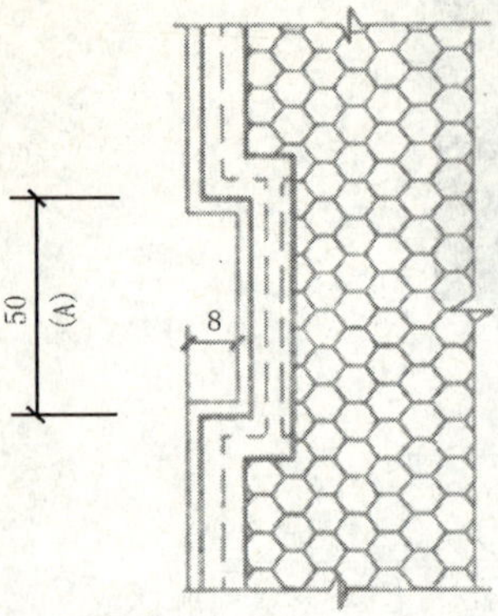

图 2-9　分格缝构造

采取的加强措施通常应该由设计单位给出。如未给出，施工单位应提出洽商，根据洽商意见将选择的加强措施写入施工方案进行施工。

墙面是否需要设分格缝，与保温系统使用的材料的性能、基层墙体构造以及外保温系统设计等因素有关。一般由系统保温材料供应商根据所提供的产品性能确定是否设分格缝。在做分格缝时，玻纤网不应剪断，具体做法如图 2-9 所示。

分格缝应严格按外墙外保温施工验收规范施工，伸缩缝、变形缝两侧用窄幅玻纤网格布翻包，缝侧抹抗裂砂浆复合耐碱玻纤网格布，施工过程注意事项如下：

● 现场使用分格缝密封材料应有合格证及生产厂家相关资质文件，使用前必须查验密封材料包装确认未曾开封。

● 分格缝施工前应将缝内及周边清理干净，确认没有 EPS 板碎块、浮尘、抗裂砂浆等杂物。

● 分格缝施工应在外饰涂料施工前进行，如因情况特殊在外饰涂料施工后进行变形缝施工时，应在缝侧两边黏贴不黏胶纸带保护相邻处的涂饰面。

● 缝内填塞发泡聚乙烯圆棒（条）作背衬，直径或宽度为缝宽的 1.3 倍，分两次勾填建筑密封膏，深度约为缝宽的 70% ~ 80% 为宜。密封膏应完全塞满缝内，并与两侧抗裂砂浆紧密黏结。

墙身变形缝的做法如图 2-10 所示。

● 门窗洞口。

门窗洞口是指墙体上门窗洞口四周的侧面和墙体上凸窗（挑窗）四周的侧面。

这些部位的保温施工工艺复杂，尤其是墙体上凸窗四周的侧面，容易出现热桥或保温层缺陷。处理不当会严重降低节能效果。在节能设计中，设计应给出需要采取的隔断热桥或节能保温措施。但是有些设计单位对此不重视，或缺乏处理经验，未给出处理措施。当遇到设计未对上述部位提出要求时，施工单位应与设计、建设或监理单位洽商，确认采取处理措施，这时施工单位应在施工方案中明确这些部位的做法，避免返工。

一般窗口（平窗）如图 2-11 所示。

挑窗窗口（凸窗）如图 2-12 所示。

挑窗比平窗增加了与外界接触的面积，传热面积增大，伸出外墙的钢筋混凝土板导热系数大，造成的传热损失也大。如《居住建筑节能设计标准》（DBJ 11—602—2006）明确提出了住宅建筑不宜采用凸窗，其北向不应采用凸窗。但在实际工程中，采用凸窗很普通，这还有待于人们对建筑节能的进一步认识。

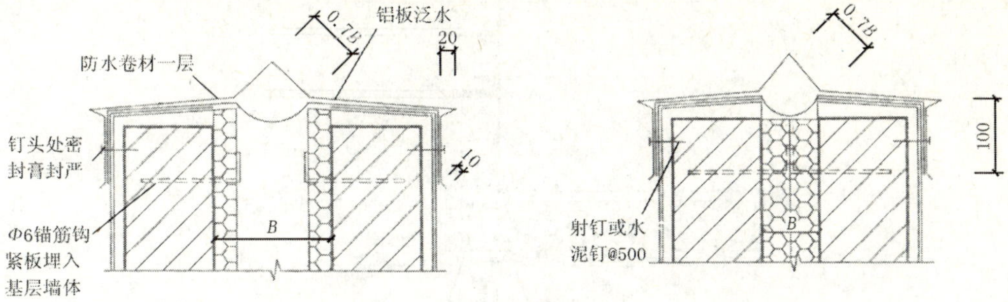

(a) 水平接缝

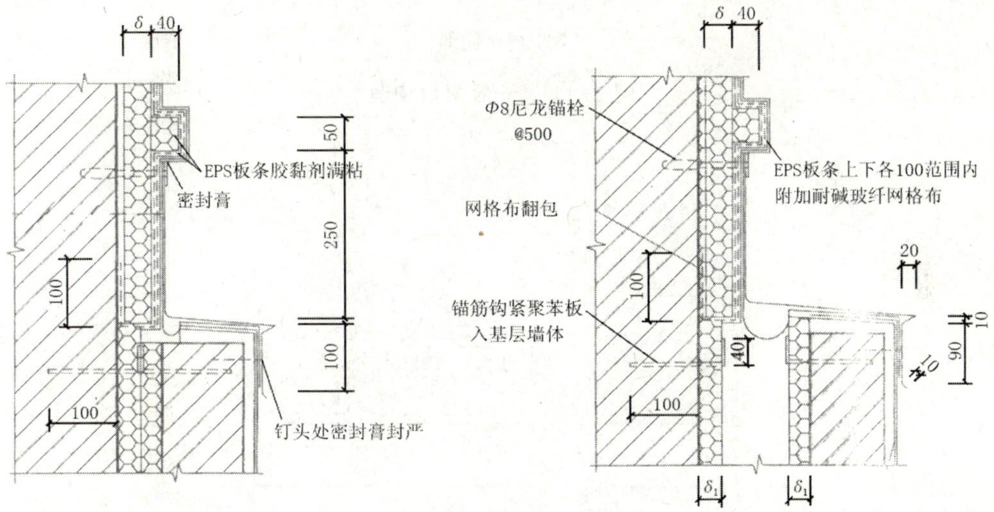

(b) 跨接缝

图 2-10　墙身变形构造

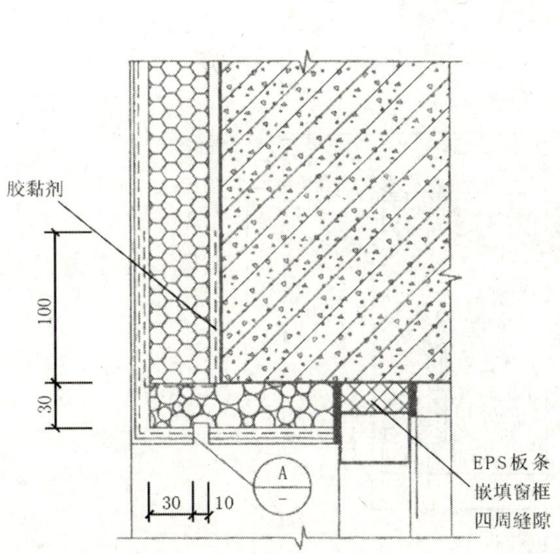

(a) 窗口上部

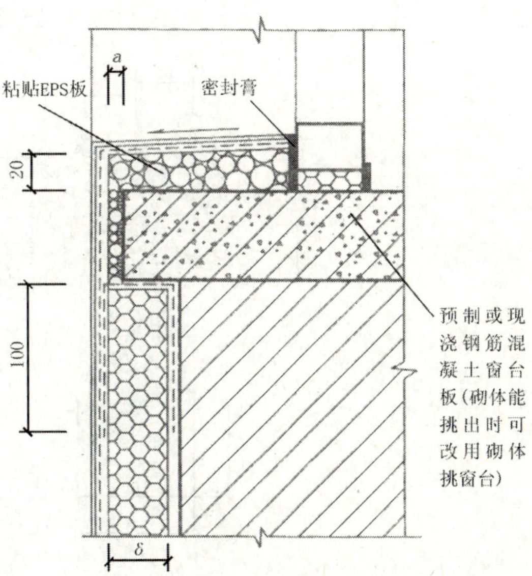

(b) 窗口下部

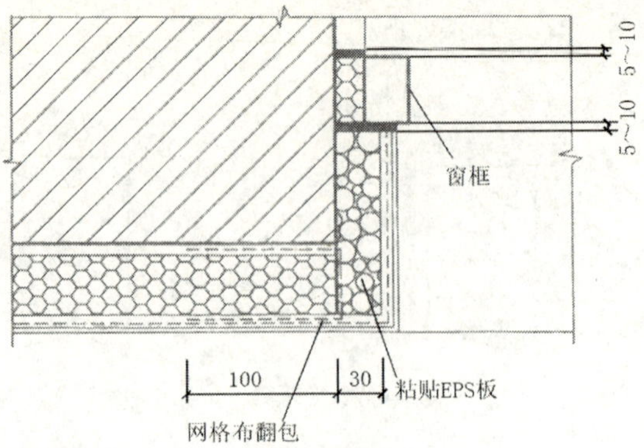

（c）窗口侧部

图 2-11　一般窗口构造

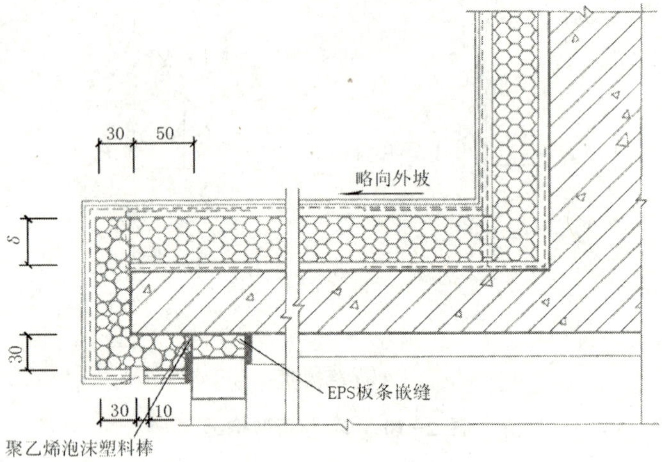

（a）窗口上部

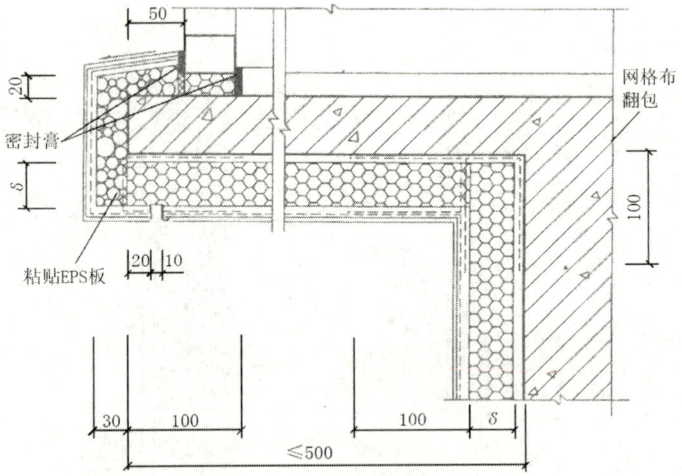

（b）窗口下部

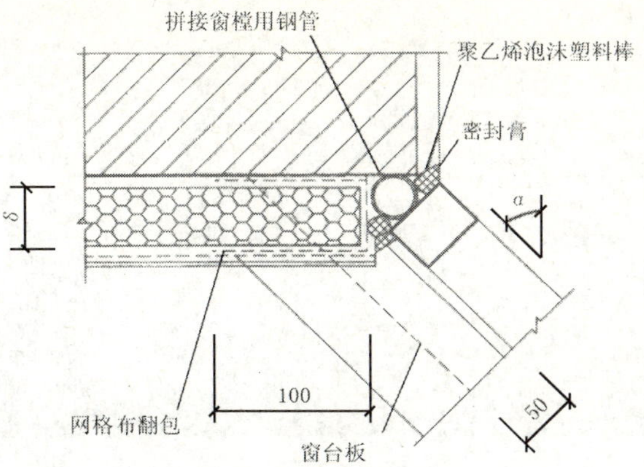

（c）窗口侧部

图 2–12　挑窗窗口做法

2）EPS 板薄抹灰外墙外保温工程实例：

EPS 板薄抹灰外墙外保温工程实例如图 2–13 所示。

图 2–13　××部队住宅楼

××部队住宅楼：现浇短肢剪力墙结构，总建筑面积 30 000 m^2，建筑节能保温面积 14 000 m^2，22 层。外墙实际保温隔热效果：（50 mm 厚 EPS 板）外墙系统平均传热系数为 0.85 W /（m^2·K）。

北京万科四季花城项目：现浇框架剪力墙结构，外墙保温面积 38 000 m^2。采用 70 mm 厚 EPS 板薄抹灰体系，如图 2–14 所示。

（2）胶粉 EPS 颗粒保温浆料外墙外保温系统

胶粉 EPS 颗粒保温浆料外墙外保温系统（又称保温浆料系统）。由界面层、胶粉 EPS 颗粒保温浆料保温层、抗裂砂浆薄抹面层和饰面层组成，如图 2–15 所示。

图 2-14　万科四季花城项目

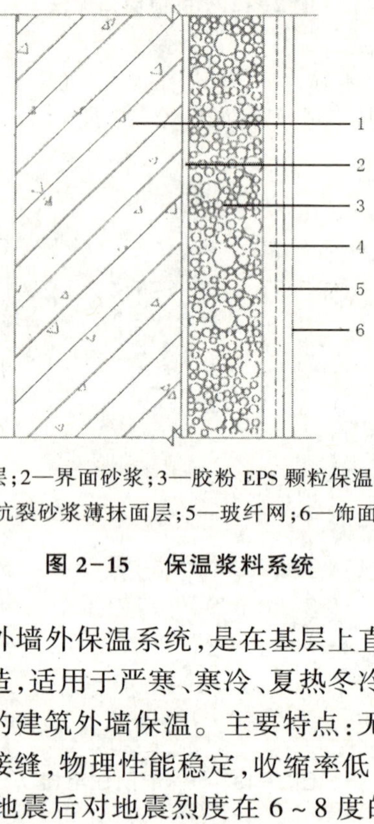

1—基层；2—界面砂浆；3—胶粉 EPS 颗粒保温浆料；
4—抗裂砂浆薄抹面层；5—玻纤网；6—饰面层

图 2-15　保温浆料系统

胶粉 EPS 颗粒保温浆料外墙外保温系统，是在基层上直接形成，该系统采用逐层渐变柔性释放应力和无空腔构造，适用于严寒、寒冷、夏热冬冷等不同气候区、不同的基层墙体、不同的类型、不同高度的建筑外墙保温。主要特点：无空腔构造，抗负风压不会产生推力，阻燃好，保温浆料无接缝，物理性能稳定，收缩率低，抗裂性能优越。施工性好，又容易修复。四川"5·12"强地震后对地震烈度在 6 ~ 8 度的都江堰市、彭州、绵阳等地区，凡有损坏的外墙外保温工程的破坏形式损坏特征发现，采用胶粉 EPS 颗粒保温浆料外墙外保温的，主体结构未损坏的部位，保温系统基本上没有裂纹，更无脱落，证明技术是成熟的。

1）胶粉 EPS 颗粒保温浆料外墙外保温系统施工质量控制要点：

① 涂（喷）界面砂浆。涂（喷）界面砂浆可以理解为界面层，主要作用是增强胶粉 EPS 颗粒保温浆料与基层的黏结力，其主要性能：封闭基层的空隙，减少墙体的吸收性，发挥黏结胶凝的作用，固结基层与保温层成为牢固的整体，具有不老化、不水化形成耐久性黏结的膜性结构特性。一般多为施工现场配制。

② 界面砂浆的配制

● 水泥:采用硅酸盐水泥或普通硅酸盐水泥(强度等级不低于 32.5 级)。

● 砂:应采用中砂,含泥量小于 3%。

● 界面处理剂:采用水泥砂浆界面剂,应符合《混凝土界面处理剂》(JC / T 907—2001)的规定。

● 水:宜用饮用水。

● 配制:水泥 : 中砂 : 界面剂 = 1 : 1 : 1(重量比),计量准确。

界面处理剂涂(喷)在基层上,为了保证黏结强度,要做拉伸黏结强度试验。

③ 保温浆料施工。胶粉 EPS 颗粒保温浆料的配制,应按厂家使用说明执行。EPS 颗粒掺量要在 80%以上。要控制搅拌稠度,提高施工性。

胶粉料性能指标见表 2–3。

表 2–3 胶粉料性能指标

项 目	指 标
初凝时间 / h	≥4
终凝时间 / h	≤12
安定性(蒸煮法)	合格
拉伸黏结强度(常温 28 d) / MPa	≥0.6
浸水拉伸黏结强度(常温 28 d,浸水 7 d) / MPa	≥0.4

EPS 颗粒性能指标见表 2–4。

表 2–4 胶粉聚苯颗粒性能指标

项 目	指 标
堆积密度 / (kg / m^3)	12 ~ 21
粒度(5 mm 筛孔筛余) / %	≤5

保温浆料层宜连续施工;保温浆料厚度应均匀、接茬应平顺密实。

从施工工艺角度看,除砂浆成分、配制过程和厚度有特殊要求(不宜 >100 mm)外,保温浆料的抹灰与普通装饰抹灰并无太大不同。保温浆料层的施工,包括对基层和面层的要求、对接茬的要求、对分层的厚度和压实的要求等,均应按照普通抹灰工艺要求执行。为了防止先后施工的砂浆其保温性能出现差异,保温浆料要连续施工。要求保温浆料厚度均匀、接茬平顺密实,防止出现热桥缺陷,避免保温砂浆在接缝处出现空鼓开裂甚至脱落。

保温浆料要待界面砂浆干燥后再进行施工。

每次抹浆料厚度控制在 20 mm 左右,每层间隔施工应不少于 24 h,抹浆顺序从上向下,从左至右,如图 2–16 所示。门窗洞口抹浆料顺序:洞口侧面→窗上口→窗台。窗台、雨篷、阳台、女儿墙压顶应抹出流水坡度和滴水线。

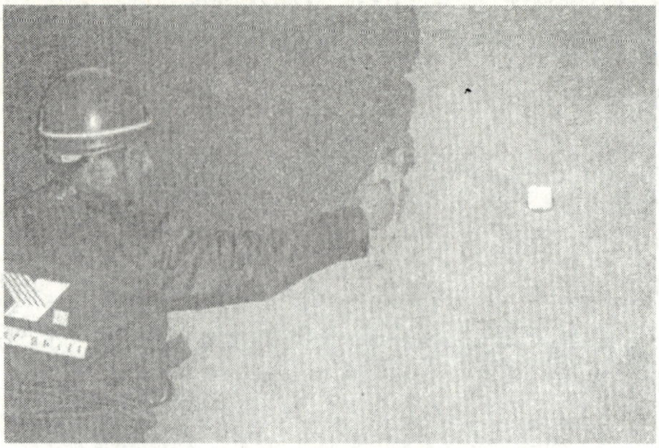

图 2-16　颗粒保温砂浆分层作业施工

建筑物高度高于 30 m 时，需采取加强措施。

每楼层处加水平通长镀锌轻型角钢分层条，角钢用射钉（间距 500 mm）固定在墙体上，或在基层墙面上每间隔 500 mm 钉直径 5 mm 的带尾孔射钉一枚，呈梅花点布置，用 22# 双股镀锌铅丝与尾孔绑紧，铅丝预留长度不少于 100 mm。保温浆料抹至距表面 20 mm 时，安装钢丝网（金属网在保温层中的位置：距基层墙面不宜小于 30 mm，距保温层表面不宜大于 20 mm，搭接宽度不小于 50 mm），用预留镀锌铅丝与钢丝网绑牢，将钢丝网压入刚抹的保温层中，然后抹最后一遍保温浆料，找平。

从保温材料的构造和施工工艺上分析，胶粉 EPS 颗粒保温浆料外墙外保温安全性比 EPS 板薄抹灰外墙外保温要高一些。EPS 颗粒分散于聚合物砂浆（胶粉）中，EPS 颗粒不承重，由高强度的聚合物砂浆承重。在如何保证物理性和施工性方面，胶粉与 EPS 颗粒的掺合比例及施工工艺是技术关键。胶粉掺量少，保温浆料强度低，保温效果好。浆粉掺量多，保温浆料强度高，保温效果差。

如果饰面层为涂料，只要施工上严格按工艺规程操作，保温层上抹抗裂砂浆，一般不会发生安全问题。但要在保温层上贴面砖，EPS 颗粒含量要少一些，以提高保温层的强度。保温效果差一些，可适当增加保温浆料的厚度。

对保温浆料应在施工中制作试块（试块 300 mm × 300 mm × 300 mm和 100 mm × 100 mm × 100 mm），养护时间为 28 d，试块数量每个检验批至少制作一组，每组 5 块。在同等条件下养护。检测导热系数、干密度和压缩强度。胶粉 EPS 颗粒保温浆料的保温性能和力学性能都与干密度密切相关。只要控制了干密度和保温层厚度，就基本上控制住了保温性能和力学性能。现场取样 EPS 颗粒保温浆料干密度不应大于 250 kg/m^3，且不应小于 180 kg/m^3。这样做的主要原因是考虑保温浆料一般都在施工现场制作、配制、搅拌，抹灰均为人工操作，各种因素的差异性，施工质量不易控制。

④ 分格缝施工

● 根据立面设计，在 EPS 颗粒保温面层上弹出分格缝位置。

● 分格缝宽度按设计要求，当设计无要求时，一般槽宽为 50 mm，槽深 15 mm。开槽应比设计要求宽 10 mm、深 5 mm，嵌满抗裂砂浆。

⑤ 抗裂砂浆，铺贴玻纤网格布

保温砂浆层固化后抹抗裂砂浆，一般分两遍完成：第 1 遍厚度约为 2～3 mm；第 2 遍将事先裁好的网格布竖向铺贴，用抹子将玻纤网格布压入砂浆，搭接宽度要大于 5 mm，耐碱网格布要压在抹面砂浆中。

铺贴耐碱玻纤网要点：

● 耐碱玻纤网在抗裂层中的作用，犹如混凝土的钢筋，承受拉应力。抹面砂浆内部硬化，产生拉应力，玻纤网承受。如果玻纤网外露，墙面容易产生裂缝。

● 抹抗裂砂浆要控制厚度，经长期施工实践，一般为 3～5 mm。过厚，虽然提高了抗冲击性和不透水性，但容易造成干缩变形开裂，水蒸气渗透阻碍增大；过薄，虽然水蒸气渗透很小，但抗冲击和不透水性差。

● 玻纤网格布铺贴要平整、无皱褶、空鼓、翘边，饱满度应达到 100%。随即抹第 2 遍找平抗裂砂浆。抹完抗裂砂浆后，应检查平整、垂直度及阴阳角方正。

● 建筑物首层应铺贴双层玻纤网格布，先铺贴一层加强型玻纤网格布，铺贴方法与前面相同，铺贴加强型网格布时宜对接。随即可进行第二层普通网格布的铺贴。铺贴普通网格布的方法也与前面相同，但应注意两层网格布之间抗裂砂浆应饱满，严禁干贴。干贴是指用玻纤网直接铺贴到保温层，后用砂浆覆盖，造成玻纤网与保温层直接接触。这不仅无助于抗裂，还起隔离层作用。

● 当抗裂砂浆抹至分格缝时，在凹槽中嵌满抗裂砂浆，将网格布在分格缝处搭接，搭接时应用上沿网格布压下沿网格布，搭接宽度应为分格缝隙宽度。此时将分格条（滴水槽）嵌入凹槽中黏结牢固，并用抗裂砂浆将接槎找平。

● 特殊部位加强。建筑物首层外保温墙阳角应在双层玻纤网格布之间加专用金属护角，护角高度一般为 2 m，在第一遍玻纤网格布施工后加入，其余各层阳角、门窗口角应用双层玻纤网格布包裹增强，包角网格布单边长度不应小于 150 mm，并在门窗洞口四角增加 200 mm × 400 mm 附加网格布，铺贴方向为 45°，如图 2-17 所示。

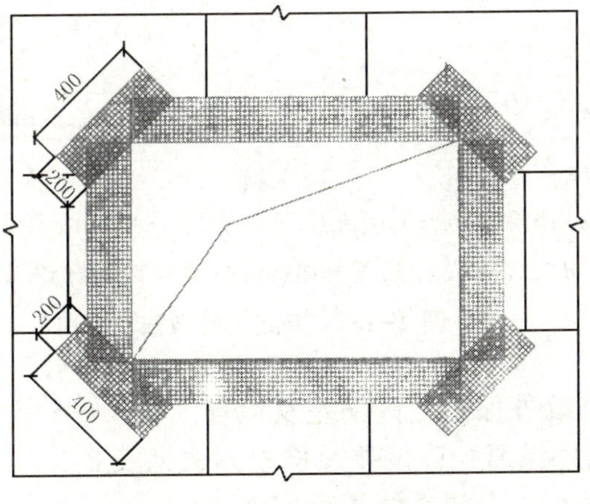

图 2-17　窗口附加玻纤网

节点大样做法如图 2-18 所示。

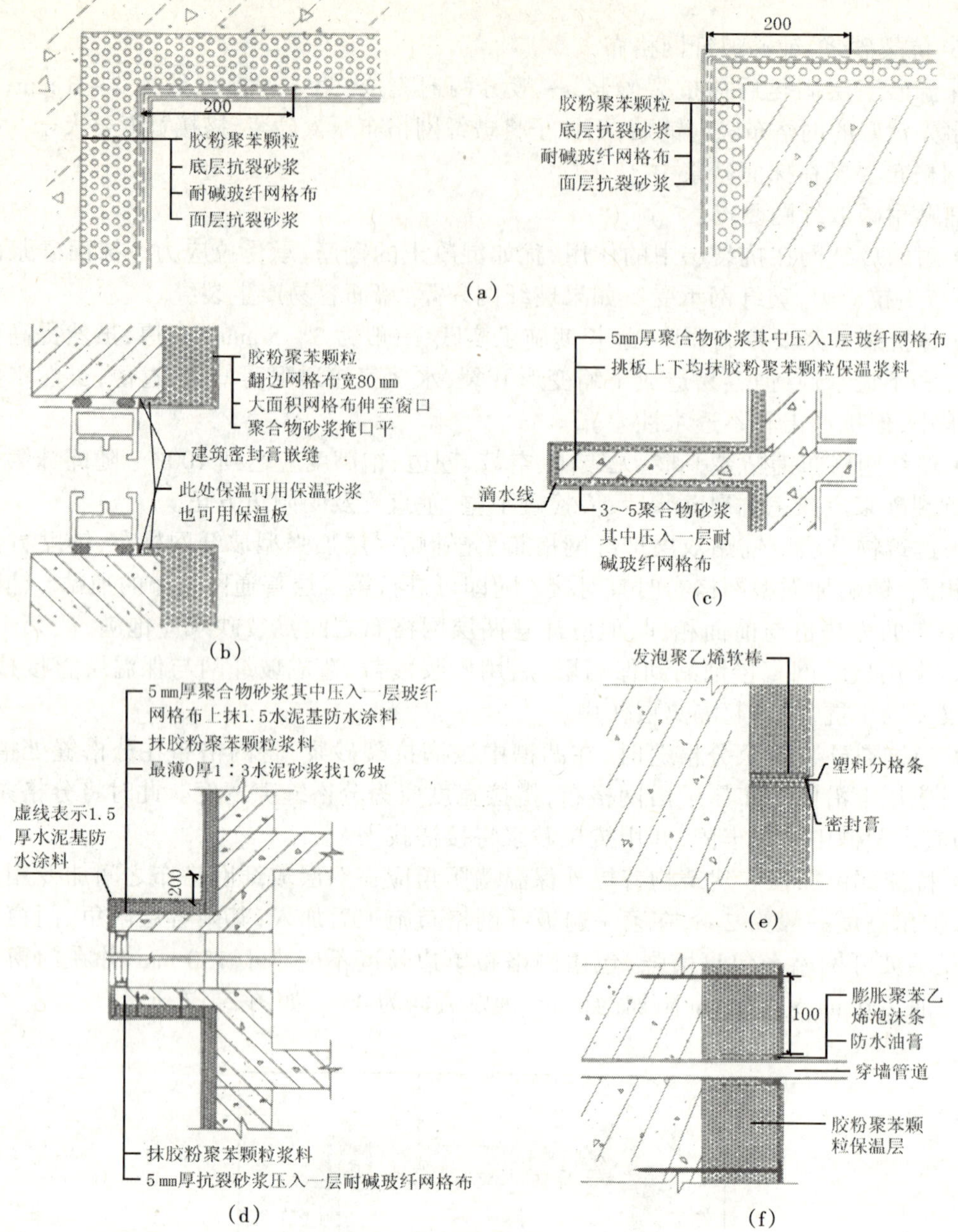

(a) 阴阳角做法；(b) 窗上、下口做法；(c) 空调板做法；

(d) 凸窗做法；(e) 分格缝做法；(f) 穿墙管洞侧做法

图 2-18　节点大样做法

⑥ 胶粉 EPS 颗粒外墙外保温允许偏差及检查方法

胶粉 EPS 颗粒外墙外保温允许偏差及检查方法见表 2-5。

2）胶粉 EPS 颗粒外墙外保温系统工程实例

胶粉 EPS 颗粒外墙外保温系统工程实例如图 2-19 所示。

北京市区 × × 住宅楼，框架剪力墙结构，地下 1 层，地上 15 层。总建筑面积 12 426 m^2，

表 2–5　胶粉聚苯颗粒保温允许偏差及检验方法

项 目	保温层 / mm	抗裂层 / mm	检验方法
立面垂直	4	4	用 2 m 托线板检查
表面平整	4	4	用 2 m 靠尺及塞检查
阴阳角垂直	4	4	用 2 m 托线板检查
阴阳角方正	4	4	用 200 mm 方尺和塞尺检查
分格条(缝)平直	3	3	用 5 m 小线和尺量检查
立面总高度垂直度	H / 1 000 且不大于 20	H / 1 000 且不大于 20	用经纬仪、吊线检查
上下窗口左右偏移	不大于 20	不大于 20	用经纬仪、吊线检查
同层窗口上下	不大于 20	不大于 20	用经纬仪、拉角线、拉通线检查

图 2–19　北京市区××住宅楼

其中外墙保温面积 10 000 m²。原设计为外墙内保温，后改为外墙外保温（避免产生“热桥”），保温层厚度为 50 mm。经检测，外墙外保温平均传热系数 $K \leqslant 1.16$ W /（m²·K)，完全满足节能 50%标准要求。

胶粉 EPS 颗粒外墙外保温系统工程实例如图 2–20 所示。

现浇混凝土框架剪力墙结构，外墙保温面积 200 000 m²，外墙外保温做法采用40 mm 厚胶粉聚苯颗粒薄抹灰体系，涂料做法采用平涂做法。

（3）EPS 板现浇混凝土外墙外保温系统

EPS 板现浇混凝土外墙外保温系统根据保温层中是否有钢丝网架分为无网现浇系统和有网现浇系统。EPS 板现浇混凝土外墙外保温系统（以下简称“无网现浇系统”），以现浇混凝土外墙作为基层，由 EPS 板保温层（板内、外表面均满涂界面砂浆）、抗裂砂浆薄抹面层和饰面层组成，如图 2–21 所示。薄抹面层中满铺玻纤网。

EPS 板现浇混凝土外墙外保温有网现浇系统，其组成与无网系统基本相同。不同之

图 2-20　北京名佳花园项目

处是 EPS 板外侧带有单面钢丝网架与穿过 EPS 板斜插钢丝(又称腹丝)焊接,形成三维空间的保温层。有网现浇系统如图 2-22 所示。该体系饰面层适宜做贴面型(面砖等)装饰层。

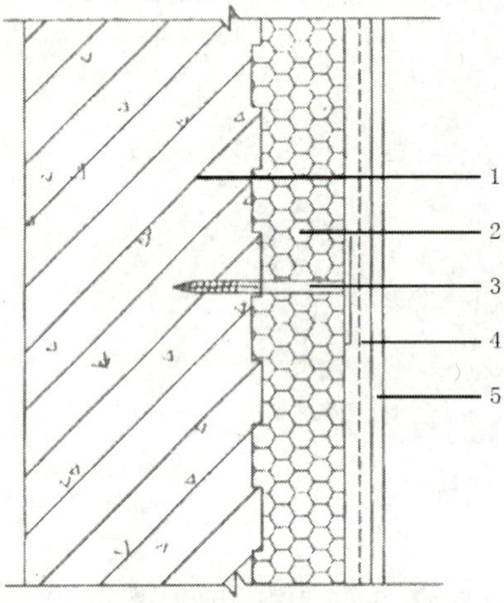

1—现浇混凝土外墙;2—EPS 板;
3—锚栓;4—抗裂砂浆薄抹面层;
5—饰面层

图 2-21　无网现浇系统

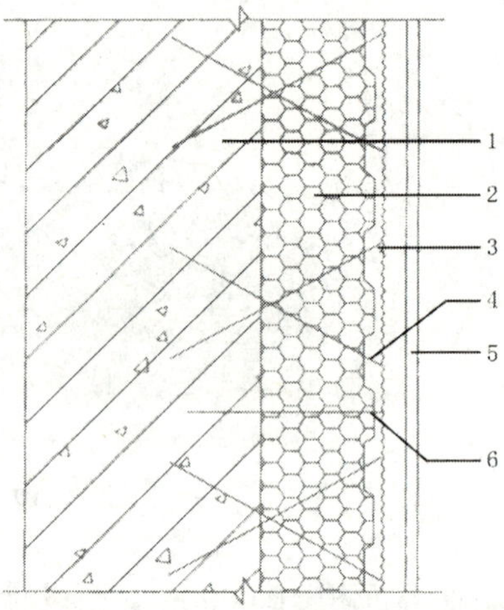

1—现浇混凝土外墙;2—EPS 单面钢丝网架板;
3—掺外加剂的水泥砂浆厚抹面层;4—钢丝网架;
5—饰面层;6—ϕ6 钢筋

图 2-22　有网现浇系统

1) EPS 板现浇混凝土外墙外保温系统施工质量控制要点

无网、有网两种保温体系施工方法和质量要求基本相同。共同点:浇筑混凝土前,将 EPS 板置于外模内侧,浇筑混凝土后,保温层与基层结合为一体,黏结牢固。

① 无网现浇系统

● 涂刷界面砂浆。EPS 板两面涂满界面砂浆,首先是为了提高 EPS 板与基层的黏结强度,又利于面层修补的黏结。其次是为了保护 EPS 板不受阳光和风化作用的破坏。

● EPS 板安装。先安装阴阳角,然后顺两侧安装。板与板界面接口处涂刷胶黏剂。安装 EPS 如图 2–23 所示。

图 2–23　安装聚苯板

● 锚栓安装。在拼装好的 EPS 板上按设计尺寸弹线，标出锚栓位置，使锚栓呈梅花状分布，每块 EPS 板上锚栓数量不少于 5 个。每平方米宜设 2 ~ 3 个锚栓。EPS 板拼缝处需设置锚栓，门窗洞口过梁部位应设一个或多个锚栓。

● 抗裂分格缝设置。水平抗裂分格缝宜按楼层设置。垂直抗裂分隔缝宜按墙面面积设置，在板式建筑中不宜大于 30 m^2，在塔式建筑中可视具体情况而定，宜留在阴角部位。

（板式建筑：是指条形建筑或一字形建筑，长度比宽度大很多。塔式建筑又称点式建筑，是指长和宽相近的建筑。）

● 采用钢制大模板浇筑混凝土。采用钢制大模板主要是为了保证浇筑混凝土后，EPS 板平整。一次浇筑高度不宜大于 1 m。拆模后，EPS 板表面局部需要修补或找平，考虑防裂和减轻自重，宜采用胶粉 EPS 颗粒保温浆料。

② 有网现浇系统

● 钢丝网架 EPS 板安装。由阴阳角的一端向另一端顺序安装，注意调整平整度和垂直度。EPS 板相邻的高低槽接缝处，用胶黏剂黏结。

板与板间垂直缝隙中的钢丝网应用间距≤150 mm 的火烧绑扎牢固，如图 2–24 所示。每块板必须用不少于 6 根的穿过板的 L 形 ϕ6 钢筋固定，如图 2–25 所示。L 形 ϕ6 钢筋深入墙内不小于 100 mm，用火烧丝将 ϕ6 钢筋与墙体钢筋绑扎牢固。

钢丝网架 EPS 板外侧的钢丝网片按楼层层高断开，互不连接。设计上需要留置伸缩缝处，应在保温板断开的间隙里放入泡沫塑料棒。

对于凸出墙面的挑出部位，如阳台、雨罩、室外空调机搁板等处，钢丝网架 EPS 板安装的细部做法严格按设计要求进行施工。

● 钢质大模板安装。先安装墙体的外侧模板，再安装墙体的内侧模板。采取可靠的模板定位措施，使外侧模板紧贴保温板，又不会挤压保温板。

模板就位后，用穿墙螺栓穿过钢丝网架 EPS 板，以连接墙体内外侧模板。模板水平定位平模之间、平模与阴阳角模之间的连接及垂直度的控制应严格按模板安装方案施

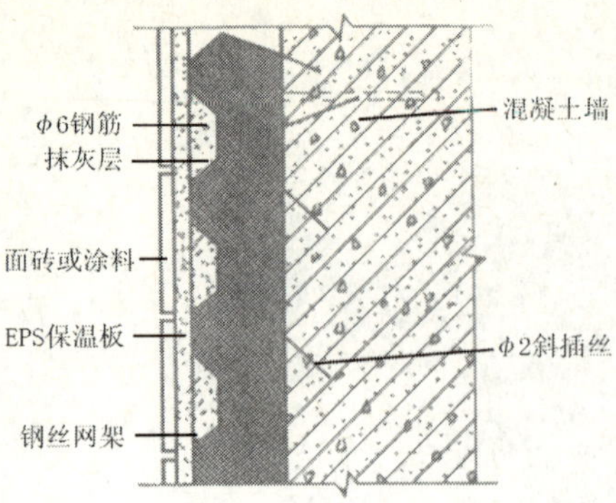

图 2-24　基本做法

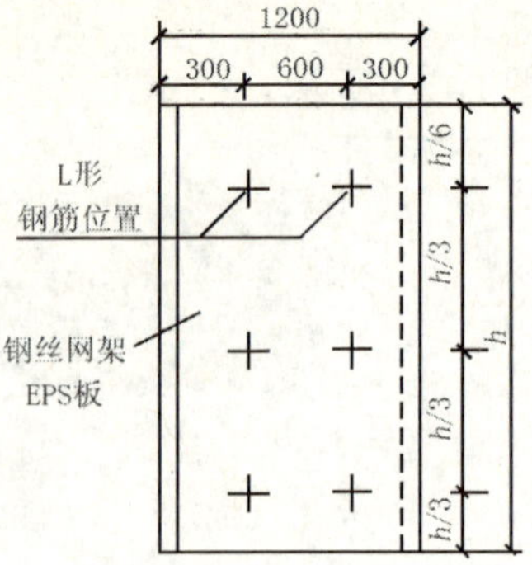

图 2-25　L 形 Φ6 钢筋位置(单位:mm)

工,确保连接牢固、严密。安装模板如图 2-26 所示。

图 2-26　安装模板

● 混凝土浇筑。采用商品混凝土,坍落度 180 ~ 200 mm。浇筑混凝土前 EPS 板顶面必须采取遮挡,防止损坏。分原浇筑(控制在 500 mm),一次浇筑高度不超过 1.0 m。墙体混凝土浇筑完毕后,需修整上口甩出钢筋。浇筑完后按规程养护。

● 板面抹灰。选用 32.5 普通硅酸盐水泥。中砂的含泥量要小于 3%,水泥砂浆配比:水泥 : 砂 =1 : 3,并按水泥重量加入防裂剂,要求收缩值≤1%,抹面厚度应均匀,钢丝网应完全包覆于抹面层中。

EPS 板单面钢丝网架质量要求见表 2-6。

EPS 钢丝网架板现浇混凝土外墙外保温工程实例(见图 2-27)。

表 2-6　EPS 板单面钢丝网架质量要求

项 目	质量要求
外 观	界面砂浆涂敷均匀,与钢丝和 EPS 板附着牢固
焊点质量	斜丝脱焊点不超过 3%
钢丝挑头	穿透 EPS 板挑头不小于 30 mm
EPS 板对接	板长 30 mm 范围内 EPS 板对接不得多于两处,且对接处需用胶黏剂黏牢

图 2-27　月亮河美丽家园

月亮河美丽家园，位于北京市通州区。总建筑面积 100 000 m²，建筑节能实施面积约 50 000 m²，剪力墙结构，建筑层数 5 ~ 11 层不等。

该工程外墙外保温系统构造如图 2-28 所示。

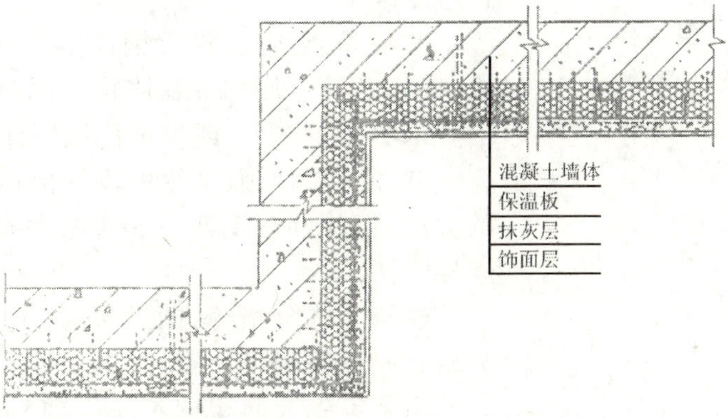

图 2-28　墙体剖面详图

该工程饰面层，为防止因砂浆收缩开裂，黏结面料砂浆采用柔性面砖黏贴砂浆。

外墙实施保温隔热效果：外墙系统导热系数为 0.92 W /（m·K），EPS 板厚度为 50 mm。

（4）机械固定 EPS 板钢丝网架板外墙外保温系统

机械固定 EPS 板钢丝网架板外墙外保温系统（简称"机械固定系统"），由机械固定装置、腹丝非穿透型 EPS 钢丝网架板、掺外加剂的水泥砂浆厚抹面层和饰面层构成，如图 2-29 所示。

1）机械固定 EPS 钢丝网架板外墙外保温系统的特点。外墙外保温系用 EPS 钢丝网架板（简称 SB 板），是以阻燃型聚苯乙烯板为保温芯材，配有双向斜插入的高强度钢丝，并与单面覆以网目 50 mm × 50 mm 的 ϕ 2.0 钢丝网片焊接，成为带有整体焊接钢丝网架的保温板材。根据保温需要：斜插丝不穿透 EPS 板的为 SB1 板，斜插丝穿透 EPS 板的为 SB2 板。

SB 板可以和多种墙体复合，如实心砖墙、多孔砖墙、混凝土空心砌块墙体及现浇钢筋混凝土墙体。

SB1 板构造如图 2–30 所示。

2）机械固定 EPS 钢丝网架板外墙外保温系统施工质量控制要点：

① 材料要求。

● 钢丝。SB 板板面网片的冷拔钢丝长度为 ϕ2.0 mm ± 0.05 mm,用于斜插的镀锌冷拔钢丝长度为 ϕ2.0 mm ± 0.05 mm,其抗拉强度不小于 550 N / mm²,钢网脱焊、漏焊点不得超过 2%,连续脱焊点不应多于 2 个,斜插丝脱焊点不得超过 2%。

● 芯板。阻燃型聚苯乙烯芯板密度为 15 ~ 20 kg / m³,氧指数≥30,其余应符合《绝热用挤塑聚苯乙烯泡沫塑料(XPS)》(GB / T 10801.2—2002)的规定。

● 抹灰砂浆。用于 SB 板砂浆面层宜采用不低于 M 10 的抗裂水泥砂浆。如饰面层为弹性涂料时,为避免墙体开裂,应在外墙中层抹灰后压入耐碱玻纤网格布,网格布应符合《耐碱玻璃纤维网格布》(JC / T 841—1999)的规定。

构造要求。采用 SB1 板与砌体复合时,应在墙体预埋 ϕ 6 拉结筋,双向间距 500 mm,梅花形布置,ϕ 6 拉筋距保温板端边 120 ~ 150 mm。

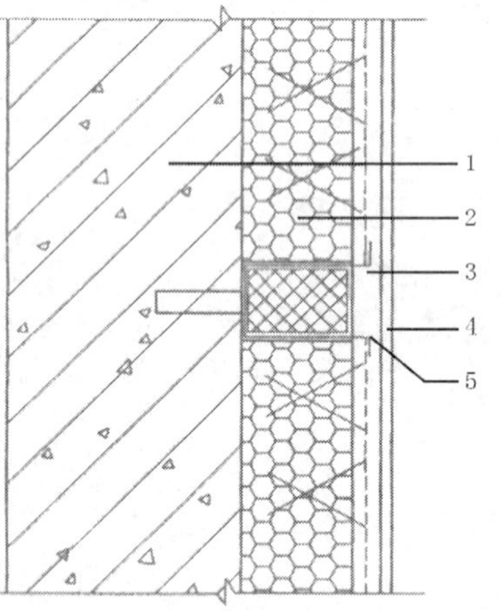

1—基层；2—EPS 钢丝网架板；3—掺外加剂的水泥砂浆厚抹面层；4—饰面层；5—机械固定装置

图 2–29　机械固定系统

在每层外墙圈梁或框架上预埋铁件与承托角钢焊牢,焊缝厚度 h = 6,四边围焊。承托角钢尺寸根据芯板厚度确定。

在完成的实心砖或钢筋混凝土墙体上复合 SB 板,锚固铁件可用 ϕ6 膨胀螺丝固定,梅花形布置,每平方米不少于 7 个,或根据抗风压计算增加数量。

SB 板局部加强采用增设局部钢丝网或增加钢筋的方法,钢丝网和钢筋与 SB1 板钢丝架之间采用绑扎连接方法。

建筑装饰分格缝,凹进深度,不得透过底层抹灰,分格布间距根据设计确定。

山墙等到大面积抹灰,超过 15 m² 以上时,宜设变形缝,变形缝嵌填弹性密封膏。

技术要求。根据不同地区风荷载和建筑物高度,保温墙面承受最大风荷载、拉结筋和膨胀螺栓的拉拔力等参数提供给生产厂家,由设计人员进行验算。

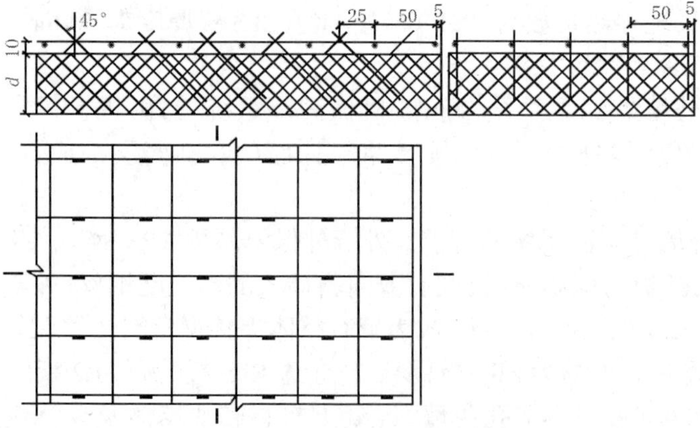

图 2–30　SB1 板构造图

高层建筑外墙外保温层的钢丝应有防雷接地设施,预防雷击事故。接地设施由设计人员根据具体情况确定。

SB 板安装。实心墙先在墙内预埋 ϕ6 拉结筋，筋长 320 mm 预埋端设 20 mm 弯钩,外露 160 mm,拉结筋双向中距不应大于 500 mm；多孔砖墙预埋结筋构造同实心墙；混凝土墙用 ϕ 6 胀管螺丝固定，每平方米不少于 7 个固定胀管螺丝。拉结筋（或胀管螺丝）呈梅花形布置，外露拉结筋预刷两道防锈漆。沿门窗洞的拉结筋距洞边宜为 75 mm。

在圈梁或框架梁上预埋连接件，其间距应小于或等于 1 200 mm，SB 板承托角钢与预埋连接焊接。

SB 板设计裁板，拼接后安装就位。砌体墙拉结筋穿透 SB 板后扳倒，把钢丝网片压紧，并用钢丝扎紧。

门窗洞口四角应铺 L 形 SB 板，不应采用直缝拼扳，并在洞口四角 S 附加 45° 斜铺 400 mm × 200 mm 钢网。

板与板应挤紧，聚苯板接缝处可用聚苯条塞实，要保证保温层严密。

外墙阴阳角及门窗口、阳台底边处等，须附加钢丝网（平网、角网、U 形网钢）。

混凝土墙上复合 SB 板，可用 ϕ 6 膨胀螺栓通过锚固件固定在墙体上。锚固件为镀锌薄板，槽深根据保温板厚度确定。

当墙面超过 15 m^2 时，宜设置水平和垂直变形缝，变形缝净宽 20 mm，内填聚乙烯棒形背衬，外嵌弹性密封膏。变形缝两侧 SB 应用 U 形钢网包边，砂浆抹平后缝宽 20 mm。

② 外墙面抹灰。

● 原材料

抹面砂浆：32.5 级普通硅酸盐水泥；中砂，含泥量小于或等于 3%；底层和中层水泥砂浆按 1 ∶ 4 比例配制。

界面处理剂：聚合物水泥浆，内掺 4%的抗裂剂和适量熟石灰粉，28 d 抗压强度应达到 10 MPa。面层为细砂水浆内掺 8%抗裂剂和 1%甲基纤维素。

③ 耐碱玻纤网格布。

● 抹灰

抹灰前，在 SB 板面均匀喷涂或刷涂一层界面处理剂。

灰分底层、中层和罩面层。底层厚 12 ~ 15 mm，中层 8 ~ 10 mm,罩面层 3 ~ 5 mm，总厚度不小于 25 mm。西山墙应在中层抹灰后，压入一层玻纤网格布，再抹面层。

● 饰面

涂料饰面时，应在面层上先刮一层专用罩面腻子，不平处应用砂纸磨平。面砖饰面时，在罩面层上用专用黏结砂浆黏结面砖，专用胶粉勾缝。

3）新型外墙外保温工程施工简介

① 现场喷涂硬泡聚氨酯外墙外保温

● 系统构造

现场喷涂硬泡聚氨酯外墙外保温系统根据饰面层做法的不同，可分为涂料饰面系统及面砖饰面系统两种。基本构造为聚氨酯防潮底漆层、聚氨酯保温层、聚氨酯界面砂浆层、胶粉聚苯颗粒保温浆料找平层及抗裂砂浆复合涂塑耐碱玻纤网格布（涂料饰面）或抗裂砂浆复合热镀锌电焊网尼龙胀栓锚固（面砖饰面）抗裂防护层，表面刮涂抗裂柔性耐水腻子、涂刷饰面涂料或面砖黏结砂浆黏贴面砖构成饰面层，其系统构造。如图 2-31 所示。

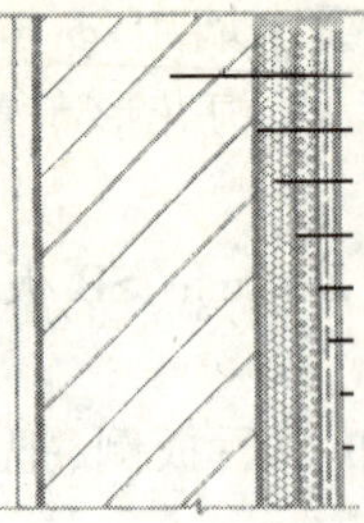

(a)涂料饰面

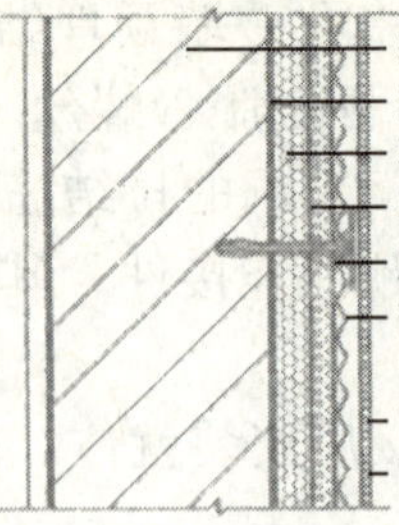

(b)面砖饰面

图 2-31　现场喷涂硬泡聚氨酯外墙外保温系统

该体系可用于不同气候区、不同建筑节能标准的建筑外墙外保温工程,基层可为混凝土、各种砌体材料,适合于节能标准和防火等级要求较高的建筑使用。

该体系因各构造层的柔韧变形量高于内层的变形量,其弹性模量变化指标相匹配,逐层渐变,满足允许变形与限制变形相统一的原则,随时分散和消解温度应力。同时,防护抗裂层采用耐碱纤维改变应力传递方向,防止各种变形应力集中发生,使该系统具有良好的保温、隔声、耐火、抗裂、抗变形、拒水、抗渗等综合性能。

聚氨酯是性能较好的保温材料,特别适合现场施工,与基层墙体的黏结性能好,热导率低,易于操作,施工速度快,可明显缩短工期。聚苯颗粒热导率低,密度小,干缩率低,软化系数高,耐水性、耐冻融性、耐候性好。聚氨酯底漆应涂刷在清理干净的基层表面,以确保基层墙体的水分及杂质不会对聚氨酯喷涂产生不利影响,保证聚氨酯与基层墙体的黏结能力。界面砂浆用于增强墙体聚氨酯与胶粉聚苯颗粒之间的黏结力。耐碱涂塑玻璃纤维网格布在饰面为涂料做法的外保温体系中起着软钢筋的作用。抗裂砂浆采用弹性乳液、助剂及纤维等材料,解决了保温层受温度和湿度变化影响造成的外形尺寸不稳定问题。弹性乳液给水泥砂浆增添了柔性变形的新性能,助剂和纤维可控制抗裂砂浆的变形量,使其柔韧性明显提高。柔性耐水腻子黏结强度高,耐水性强,柔韧性和施工性能好,可有效防止面层装饰材料出现龟裂。

现场喷涂硬泡聚氨酯外墙外保温系统性能指标应符合表 2-7 性能指标。

表 2-7　现场喷涂硬泡聚氨酯外墙外保温系统性能指标

试验项目		性能指标	
耐候性		经 80 次高温(70℃)→淋水(15℃)循环和 20 次加热(50℃)→冷冻(-20℃)循环后不得出现开裂、空鼓或脱落。抗裂防护层与保温层的拉伸黏结强度不应小于 0.1 MPa,破坏界面应位于保温层	
浸水 1 h 吸水量 / (g / m²)		≤1 000	
抗冲击强度	C形	普通型(单网)	3 J 冲击合格
		加强型(双网)	10 J 冲击合格
	T形	3.0 J 冲击合格	
抗风压值		不小于工程项目的风载设计值	

续表

试验项目	性能指标
耐冻融	严寒及寒冷地区 30 次循环、夏热冬冷地区 10 次循环表面无裂纹、空鼓、起泡、剥离现象
水蒸气湿流密度 / [g / (m^2·h)]	≥0.85
不透水性	试样防护层内侧无水渗透
耐磨损,500 L 砂	无开裂,龟裂或表面保护层剥落、损伤
系统抗拉强度(C 形) / MPa	≥0.1 并且破坏部位不得位于各层界面
饰面砖黏结强度(T 形) / MPa(现场抽测)	≥0.4
抗震性能(T 形)	设防烈度等级地震作用下面砖饰面及外保温系统无脱落

● 施工程序。施工程序如图 3–32 所示。

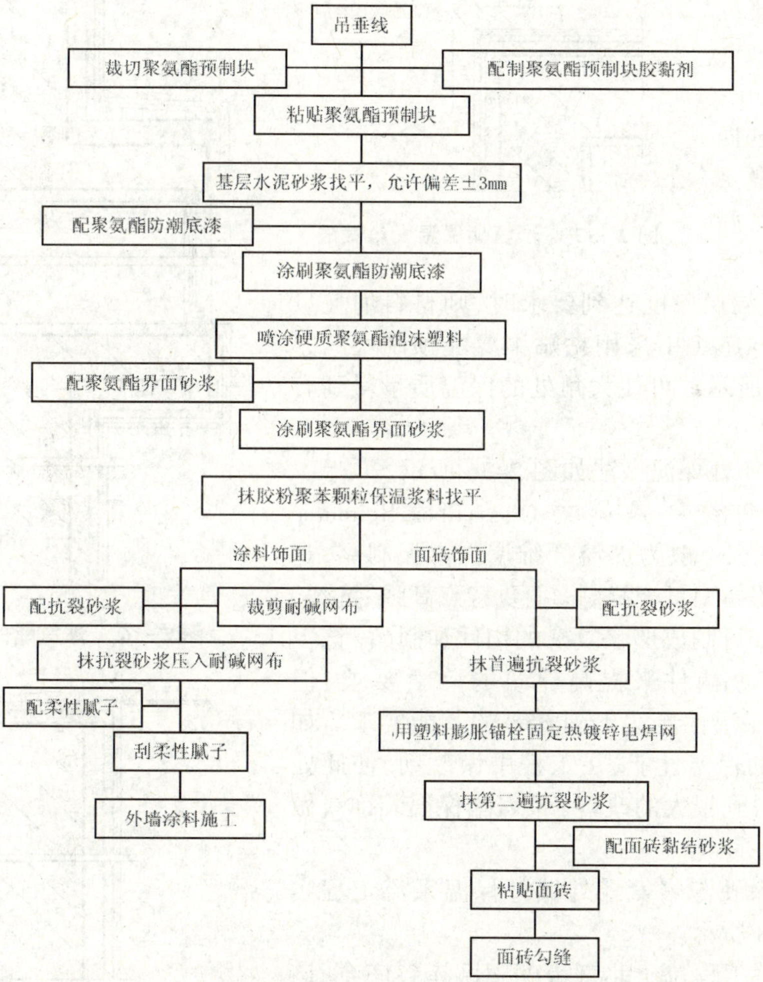

图 3–32　现场喷涂硬泡聚氨酯外墙外保温系统施工程序

喷涂硬质聚氨酯泡沫塑料，如图 2-33 所示。

涂刷聚氨酯界面砂浆，如图 2-34 所示。

图 3-33　喷涂无溶剂硬泡聚氨酯

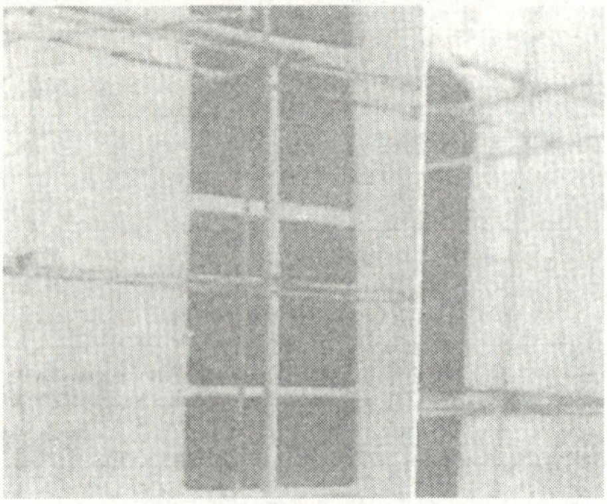

图 2-34　界面砂浆处理

● 重要部位处理。

墙体大角：在喷涂大角过程中，对控制聚氨酯在此处的保温层厚度有一定难度，一旦当保温层厚度达到要求时，则材料消耗量太大，因此，在施工中采用粘贴聚氨酯预制块的办法如图 2-35 所示。可使大角处的保温质量得到有效保证。

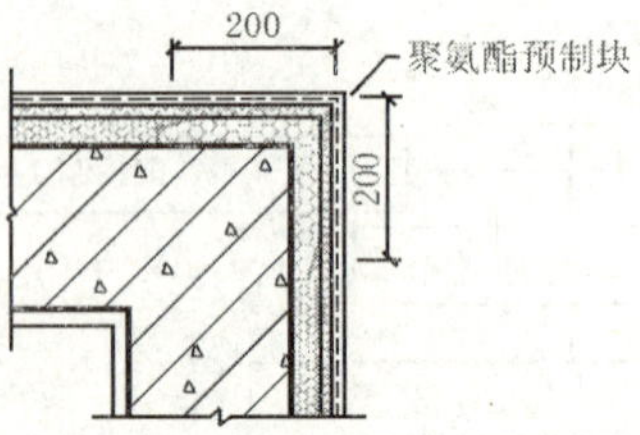

图 2-35　聚氨酯保温大角做法

飘窗：飘窗处保温做法如图 2-36 所示。

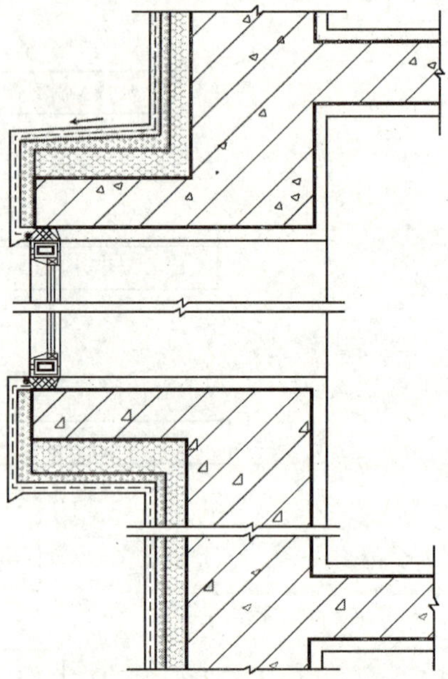

图 2-36　聚氨酯保温飘窗做法

GRC 装饰线：是英文 Glass fiber Reinforec dcement 的缩写，一般为玻璃纤维增强水泥制品，是一种水硬性的新型复合材料。主要特点高强、抗裂、耐火、韧性好，可制成形状复杂的构件和制品。该工程采用了 GRC 构件来提高建筑的美学要求，但 GRC 材料的保温性能达不到 65%的节能要求。如何改善此处的保温性能，在工程中做改动，使此处的保温性能得到很大的改善。聚氨酯保温装饰线做法如图 2-37 所示。

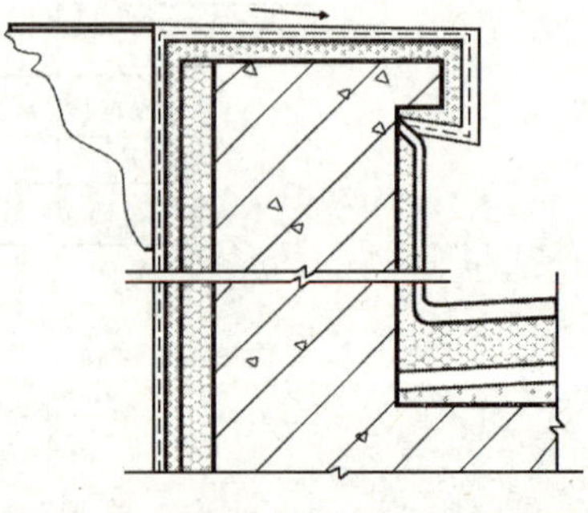

图 2-37　聚氨酯保温装饰线做法

现场喷涂硬泡聚氨酯外墙外保温系流工程实例，如图 2-38 所示。

长岛澜桥工程位于北京市朝阳区崔各庄乡，该工程为 52 栋 3 层全钢筋混凝土别墅。工程总建筑

图 2-38　长岛澜桥别墅

面积 156 000 m²,层高 3 m,3 层,檐高 8.2 m。本工程墙体保温面积 25 000 m²,层面保温面积 13 000 m²,墙体大面为涂料饰面,首层部分粘贴面砖。经热工计算,工程采用技术方案为:外墙为 25 mm 厚硬泡聚氨酯 +15 mm 厚胶粉聚苯颗粒保温浆料,层面为 50 mm 厚硬泡聚氨酯 +30 mm 厚轻质找平砂浆。

② 外墙外保温系统外侧增加空气夹层

外墙外保温系统外侧增加空气夹层如图 2-39 所示。

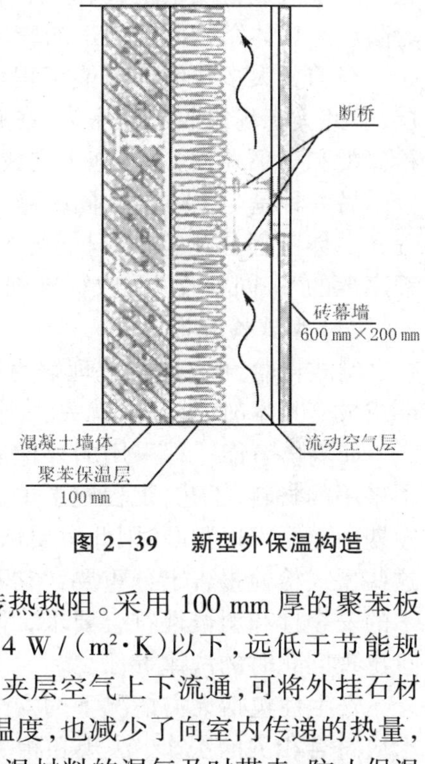

图 2-39　新型外保温构造

外保温外侧增加空气夹层是近年来采用的一种新型外墙外保温方式。该保温方式是在常规黏贴聚苯外保温的基础上,在保温层与外挂石材间增加一个约 100 mm 的空气夹层,该空气夹层在整个外立面上下连通,并在顶部设有通风口,冬季将该通风口关闭,阻止空气夹层内空气流动,增加了外墙的传热热阻。采用 100 mm 厚的聚苯板 +100 mm 厚空气层的结构,其冬季传热系数可降到 0.4 W/(m²·K)以下,远低于节能规范标准中的传热系数限值;夏季把上部的通风口打开,夹层空气上下流通,可将外挂石材吸收的太阳辐射热及时带走,降低了保温材料外层的温度,也减少了向室内传递的热量,隔热效果非常明显。此外,流通的空气夹层还能够将保温材料的湿气及时带走,防止保温材料受潮。该种外保温方式不仅适合于寒冷地区,还可用于南方炎热地区的墙体隔热。

第二节　墙体节能工程施工质量验收

墙体节能工程施工质量验收,作为分项工程,验收的基本要求与格式,保持与其他各专业验收规范一致性。分为“一般规定”、“主控项目”、“一般项目”。

一、一般规定

一般规定,主要明确了墙体节能验收的条件、内容、方法和隐蔽工程验收等项目的基本要求。特别对隐蔽工程验收提出了不仅要做文字记录还要拍摄图像资料的规定。对容易被忽视的节能保温定型产品或成套技术的型式检验报告,保温材料的防潮、防水措施等提出了要求。并在(表2–1)划分的基础上,具体规定了墙体节能工程检验批的划分方法。

(1)适用范围

节能墙体,作为一个保温隔热系统,可以选用不同材料和不同的施工方法。验收的适用范围,明确了适用目前所有墙体节能的做法。

(2)验收程序

主体结构完成后进行施工的墙体节能工程,应在基层质量验收合格后施工,施工过程中应及时进行质量检查、隐蔽工程验收批验收,施工完成后应进行墙体节能分项工程验收。与主体结构同时施工的墙体节能工程,应与主体结构一同验收。

当前,大多数墙体节能工程都是在主体结构完成后,在内侧或外侧表面增做保温层,对此类工程验收的程序为:在施工过程中应及时进行质量检查、隐蔽工程验收、相关检验批和分项工程验收,施工完成后应进行墙体节能子分部工程验收。

另一种是与主体结构同时施工的墙体节能工程,对于此种施工工艺,无法将节能工程和主体工程分开验收,只能与主体结构“一同验收”。“一同验收”是指时间上和验收程序上的“一同验收”,验收标准则应分别按照主体结构、节能墙体的要求,不得混同。

(3)型式检验报告

型式检验,可以通俗地理解为增加的检验项目。墙体节能工程当采用外保温定型产品或成套技术时,外保温就关联到安全性和耐候性。需要增加这两项的检验内容。

如墙体节能工程采用的外保温成套技术或产品是由供应方提供。对于其生产过程中采用的材料、工艺,工程施工单位既无法控制,也难以在施工现场进行检查,耐久性在短期内更是难以判断,因此主要依靠厂方提供的型式检验报告加以证实。由厂方提供的这些型式检验报告十分重要,它不仅起着证明墙体节能工程采用的该种产品或成套技术的安全性和耐候性符合要求,同时还意味着厂家或供应方承担该产品或成套技术一旦出现问题时的法律责任。

安生性包括火灾情况下的安全性和使用的安全性两方面。对外保温系统的防火要求应符合相关的法律、法规和相关技术标准的要求。虽然外保温系统不作为承重结构使用,但仍要求其在正常荷载(自重)、温度、湿度和收缩以及主体结构位移和风力等引起的联合应力的的作用下应保持稳定。目前测试的项目主要是抗风荷载性能和抗冲击性能。

耐久性要求外保温系统在温度、湿度和收缩的作用下应是稳定的。高温或低温的变形不会导致外保温系统的破坏。例如表面温度的变化,在经受长时间太阳照射之后突然降雨所造成的温度急剧下降,或阳光照射部位与阴影部位之间的温差,均不应引起墙体破坏。目前测试的项目主要有耐候性和耐冻融性能。

根据国家对型式检验的要求，型式检验报告应包含安全性能和耐久性能等检验内容。当厂家或供应方不能提供安全性和耐久性的相关检验参数时,应由具备资质的检测机构予以补做。

关于安全性和耐候性的型式检验报告的有效期,应根据具体产品加以确定。建筑类构件或产品通常为1~2年,由产品标准或设计单位给出要求,也可由生产厂家确定。型式检验报告一般应注明有效期。

(4) 保温材料的防潮防水

墙体节能工程的保温材料在施工过程中应采取防潮、防水等保护措施。

保温材料受潮或浸水后会严重影响其保温性能。在施工过程中保温材料受潮或浸水将水分带入保温体系中,而降低保温体系的节能效果,并发生层间结露现象。保温材料在施工过程中应采取防潮防水等保护措施。例如:保温材料入库存放,雨雪天气避免施工,铺设黏结保温板时基层应干燥等。

(5) 隐蔽工程验收的部位和内容

墙体节能工程应对下列部位或内容进行隐蔽工程验收，并应有详细的文字记录和必要的图像资料。

1) 保温层附着的基层及其表面处理;

2) 保温板黏结或固定;

3) 锚固件;

4) 增强网铺设备;

5) 墙体热桥部位处理;

6) 预置保温板或预制保温墙板的板缝及构造节点;

7) 现场喷涂或浇筑有机类保温材料的界面;

8) 被封闭的保温材料厚度;

9) 保温隔热砌块填充墙体。

当施工中出现以上未列出内容时,应在施工组织设计、施工方案中对隐蔽工程验收内容加以补充。

隐蔽工程验收不仅应有详细的文字记录,还应有必要的图像资料。这是为了更好地标识隐蔽工程的真实情况。对于"必要",可理解为"能够满足需要"及"通过图像能够证实被验收的对象情况"。通俗地说,应有隐蔽工程全貌和有代表性的局部(放大)照片。其分辨率以能够表达清楚受检部位的情况为准。图像资料应作为隐蔽工程验收资料与文字资料一同归档保存。

图像资料可以不一定全部都是工程(部位)的照片,可以是材料、包装、操作等的实际记录。但是必须与所验收的隐蔽工程密切联系,必须真实且在验收时形成。

(6) 检验批的划分

墙体节能工程验收的检验批划分应符合下列规定:

1) 采用相同材料、工艺和施工做法的墙面,每500~1 000 m^2 划分为一个检验批,不足500 m^2 也为一个检验批。

2) 检验批的划分也可根据与施工流程相一致且方便施工与验收的原则，由施工单位与监理(建设)单位共同商定。

节能工程分项工程划分的方法应遵守本章表 2–1 规定。如果分项工程的工程量较大，出现需要划分检验批情况时，可按照上述规定进行。原则应与现行国家标准《建筑装饰装修工程质量验收规范》(GB 50210—2001)保持一致。

墙体节能工程检验批划分并非是唯一或绝对的。当遇到较为特殊的情况时，检验批的划分也可根据方便施工与验收的原则，由施工单位与监理(建设)单位共同商定。

二、主控项目

主控项目共有 15 条，是墙体节能施工质量验收的核心内容。主控项目分别给出了对墙体节能材料的要求，重要材料进场复验的要求，基层处理和构造做法的要求等。以强制性条文的形式对保温隔热材料厚度、保温板与基层的连接、保温浆料的施工及锚固件等作出了严格规定。

此外，针对常见的预置保温板现浇混凝土墙体工艺、保温浆料性能、保温层的饰面层施工质量的墙体内设置的隔气层提出验收要求。明确倡导外墙外保温工程不宜采用黏贴饰面砖做饰面层，并对采用时的安全性与耐久性提出严格规定。要求保温砌体采用保温砂浆砌筑并达到较高的灰缝饱满度。对现场安装的预制保温墙板的安装性能、结构性能、热工性能及与主体结构的连接作出规定。对墙体上容易产生热桥的部位，要求采取节能处理措施等。

(1) 用于墙体节能工程的材料、构件等，其品种、规格应符合设计要求和相关标准的规定。

检验方法：观察、尺量检查；核查质量证明文件。

检查数量：按进场批次，每批随机抽取 3 个试样进行检查；质量证明文件应按照其出厂检验批进行核查。

墙体节能工程使用材料、构件的品种、规格等应符合设计要求，不能随意改变和替代。

材料、构件的品种对于工程质量的影响是显而易见的，因此应符合设计和标准要求的规定，比较容易理解。规格对于工程质量的影响，主要是针对构件而言。构件规格的改变，有可能影响到其安装性能，也有可能影响到整个保温系统和性能。

设计选用的材料和构件，是经过热工计算确定的，不允许随意改变或替代。但是在施工中对材料品种和构件规格的控制，仍不是一件简单的事。许多外观、包装、品名相似而性能相去甚远的材料充斥建材市场，有些材料检验报告不真实，都可能导致不符合设计要求的材料和构件用在节能工程上。因此必须认真对进场材料和构件进行检验和验收。

检查与验收：墙体节能工程使用的材料、构件品种、规格等是否符合设计要求，一般采用两种方法来确认：一是在材料、构件进场时通过目视、尺量和称重等方法检查；二是对其质量证明文件进行核查确认。检查数量为每种材料、构件按进场每批次随机抽取 3 个试样进行检查。如果发现问题，应扩大抽查数量，最终确定该批材料、构件是否符合设计要求。

(2) 墙体节能工程使用的保温隔热材料，其导热系数、密度、抗压强度或压缩强度、燃烧性能应符合设计要求。

检验方法：核查质量证明文件及进场复验报告。

检查数量：全数检查。

从建筑节能角度看，墙体节能工程使用的保温隔热材料的许多性能都影响节能效果，其中导热系数对节能效果具有举足轻重的影响。但是，墙体节能工程使用的保温隔热材料种类较多，如果仅仅对材料的导热系数提出要求还不能确保节能工程质量，而且仅依靠一个参数进行判断降低了发现材料质量缺陷的概率。隔热保温材料大多数是多孔、松软、低强度、低密度材料，其导热系数与密度、抗压强度或压缩强度相互关联，都对工程质量和节能效果具有重要影响。所以通过数项参数的试验能更好、更全面地判断材料的内在质量。

检查与验收：保温隔热材料的导热系数、密度、抗压强度或压缩强度和燃烧性能是否满足设计要求，主要依靠对各种质量证明文件的核查和进场复验。核查质量证明文件包括核查材料的出厂合格证、性能检测报告、构件的型式检验报告等。对有进场复验规定的要核查进场复验报告。除材料的燃烧性能外均应进行进场复验，故均应核查复验报告。对材料的燃烧性能，由于其试验成本较高，没有列为进场复验，控制其质量主要依靠核查其质量证明文件。对于新材料，除了应进行进场复验、核查进场复验报告外，还应检查是否通过技术鉴定，重点看其热工性能和燃烧性能的检验结果是否符合设计要求和规范相关规定。通常核查时应注意以下几点：

1）质量证明文件是否齐全。不同材料其质量文件要求不同，应核查合格证、检验报告、进口商检证明、复验报告、型式检验报告等是否都具备。

2）文件的有效性。主要核查出具报告的单位是否具有相应的检测资质（资格）、文件的有效期、文件的日期、签字、印章等是否符合要求。

3）文件内容是否符合要求。主要是填写内容是否齐全、数据是否合理、结论是否明确，以及各项质量证明文件之间是否有矛盾等。

应该注意，当上述质量证明文件和各种检测报告为复印件时，应加盖证明其真实性的相关单位印章和经手人员签字，并应注明原件存放处。有条件或必要时，还应核对原件。

（3）墙体节能工程采用的保温材料和黏结材料等，进场时应对其下列性能进行复验，复验应见证取样送检：

1）保温材料的导热系数、密度、抗压强度或压缩强度；

2）黏结材料的黏结强度；

3）增强网的力学性能、抗腐蚀性。

检验方法：随机抽样送检，核查复验报告。

检查数量：同一厂家同一品种的产品，当单位工程建筑面积在 20 000 m^2 以下时各抽查不少于 3 次；当单位工程建筑面积在 20 000 m^2 以上时各抽查不少于 6 次。

进场复验。“进场复验”是为了确保重要材料的质量符合要求而采取的一种“特殊”措施。本来各种进场材料有质量证明文件证明其质量，不应再出现问题。然而目前在我国建材市场不完善的实际情况下，仅凭质量证明文件有时并不可靠，不能确保重要材料的质量真正符合要求，故在国务院《建设工程质量管理条例》和住房和城乡建设部有关文件中，均规定了材料进场复验措施。进场复验主要针对的是影响到结构安全、消防、环境保护等重要功能的材料，由于建筑节能的重要性，故采取了进场复验措施。

进场复验能提高材料质量的可靠性，但是会增加成本，故在难以确保材料质量的情况下，应尽可能减少复验的项目和参数。确定的复验项目和参数是在权衡两者之后确定的。具体针对3类材料分别作出规定：

① 保温材料。质量参数有许多项，经筛选，复验主要针对导热系数、密度、抗压强度或压缩强度。导热系数、密度和抗压强度3项参数较易理解，压缩强度是针对受压变形较大的材料力学检验的一项参数，通常可理解为当材料的压缩率为10%时的抗压强度值。

② 黏结材料。黏结强度影响安全，主要复验其黏结强度。

③ 增强网。主要复验力学性能和抗腐蚀性能。

检查与验收：复验采用的试验方法应遵守相应产品的试验方法标准。复验指标是否合格应依据设计要求和产品标准判定。复验抽样频率为：同一厂家和同一种类产品（不考虑规格）应至少抽样复验3次。不同厂家、不同种类（品种）的材料均应分别抽样进行复验。所谓种类，是指材质或材料品种。复验应为见证取样送检，由具备见证资质的检测机构进行试验。根据建设部141号令第12条规定，见证取样试验应由建设单位委托。

文中抽查“3次”“6次”的规定，是指不必对每个检验批抽查，只需控制总的抽查次数即可。各次抽查宜针对不同的检验批进行，宜均匀分布。一般性建设，如住宅、商业的单体建筑面积多小于20 000 m^2，而大于20 000 m^2的多为大型或超大型公共建筑，如写字楼、饭店等这些建筑体积大、耗能高，因此，应增加抽查次数，以控制材料质量。

（4）严寒的寒冷地区外保温使用的黏结材料，其冻融试验结果应符合该地区最低气温环境的使用要求。

检验方法：核查质量证明文件。

检查数量：全数检查。

检查与验收：在施工现场检查验收时，除应该查黏结材料全部质量证明文件外，还应对其冻融试验报告中的试验结果进行核查，证明该种黏结材料能够在该地区最低气温下正常使用。

（5）墙体节能工程施工前应按照设计和施工方案的要求对基层进行处理，处理后的基层应符合保温层施工方案的要求。

检验方法：对照设计和施工方案观察检查，核查隐蔽工程验收记录。

检查数量：全数检查。

保温层所附着的基层，通常是主体结构的表面（混凝土或砌体）。主体结构施工时，往往并未考虑保温材料黏结的要求。基层的平整度、光洁度、粉尘等附着物和污渍会影响保温材料的黏结。此外，材料本身表面情况也会影响到黏结效果，某些保温材料（如XPS挤塑保温板）的表面比较光洁，如果不对保温板表面进行处理，很难黏结牢固。

为了保证墙体节能材料能牢固地黏结在主体结构的表面，应对墙体基层表面按照设计要求或施工方案要求首先进行处理，然后再进行保温层施工。基层表面处理是保温节能施工的一个重要工序，应按照设计和施工方案的要求进行，以满足保温层施工工艺的需要。如果设计文件并未给出要求，则应在施工方案中提出明确要求。

检查与验收：主要采用目视观察。由于检查方法简单，检查内容重要，故要求全数检查。并应核查所有隐蔽工程验收记录。隐蔽工程验收时，应记录所有黏结表面是否进行了处理，处理的方法以及处理结果是否符合要求。隐蔽工程应形成图像资料，图像资料除了拍照验收部位外，还可以拍摄界面剂本身（包装及文字等）、表面处理操作等内容。

（6）墙体节能工程各层构造做法应符合设计要求，并应按照经过审批的施工方案施工。

检验方法：对照设计和施工方案观察；核查隐蔽工程验收记录。

检查数量：全数检查。

墙体节能工程的各层构造做法是否符合设计要求，是能否保证节能效果的关键。为了保证施工是按照设计要求进行的，主要工艺过程应符合施工方案。

检查与验收：除面层外，墙体节能工程各层构造做法均为隐蔽工程，完工后难以检查。施工中应对照设计和施工方案观察检查，验收时应核查隐蔽工程验收记录。在施工过程中对于隐蔽工程的验收应该随做随验，并做好记录。施工中观察检查主要是观察墙体节能工程各层构造做法是否符合设计要求，以及施工工艺是否符合施工方案要求。验收时则应核查这些隐蔽工程验收记录是否齐全有效、填写完整。

（7）墙体节能工程的施工，应符合以下规定：

1）保温隔热材料的厚度必须符合设计要求。

2）保温板材与基层及各构造层之间的黏结或连接必须牢固。黏结强度和连接方式应符合设计要求。保温板材与基层的黏结强度应进行现场拉拔试验。

3）保温浆料应分层施工。当采用保温浆料做外保温时，保温层与基层之间及各层之间的黏结必须牢固，不应脱层、空鼓和开裂。

4）当墙体节能工程的保温层采用预埋或后置锚固定时，锚固件数量、位置、锚固深度和拉拔力应符合设计要求。后置锚固件应进行锚固力现场拉拔试验。

检验方法：观察，手扳检查，保温材料厚度采用钢针插入或剖开尺量检查，黏结强度和锚固力核查试验报告，核查隐蔽工程验收记录。

检查数量：每个检验批抽查不少于 3 处。

对墙体节能工程施工提出 4 项基本要求，都关系到安全和节能效果，十分重要。

5）保温隔热材料的厚度必须符合设计要求。

保温隔热材料的厚度直接影响节能效果，在节能设计中，是根据工程的实际条件经热工计算确定的。施工时必须保证其厚度。如果是保温板材，则在采购材料时就应对板厚和密度等进行检验，确保无误。如果是保温砂浆，则分层抹灰的总厚度必须达到设计要求。

由于保温隔热材料是隐蔽工程，过程中如不监控，完工后其厚度难以检查，造成了一些施工单位和施工人员不注意把关、有的甚至减少厚度以求降低成本，导致保温效果降低，从而使建筑物出现结露等现象。

6）保温板材与基层及各构造层之间的黏结或连接必须牢固。黏结强度和连接方式应符合设计要求。保温板材与基层的黏结强度应做现场拉拔试验。

保温板材与基层的连接主要有黏结、机械锚固等。具体采用哪种连接方式由设计者确定，施工单位应在施工方案中对工艺要求详细规定。无论采取哪种连接方式，都必须确保连接牢固，且黏结强度和连接方式应符合设计要求。为了检验是否牢固，应对保温板材与基层的黏结强度做现场拉拔试验。

7）现场拉拔试验可采用相关标准规定的方法。如JGJ 144或其他地方标准以上标准规定的方法。现场拉拔试验的目的是检验黏结强度是否能够满足保温层黏结牢固的要求。当设计给出黏结强度时应遵守设计要求，当设计无要求时，可参照《外墙外保温工程技术规程》（JGJ 144）的规定，其黏结强度应不小于0.1 MPa。

8）保温浆料应分层施工。当采用保温浆料做外保温时，保温层与基层之间及各层之间的黏结必须牢固，不应脱层、空鼓和开裂。

保温浆料通常采用人工抹灰的方法施工。一次抹灰厚度不能过厚，应分层施工。每层抹灰的具体厚度根据砂浆性能、施工环境、温度等确定，应写在施工方案中并进行技术交底。此外在施工方案和核技术交底时还应说明各层抹灰的间隔时间，提出对已抹灰层的硬化和湿度要求等。

当墙体节能工程的保温层采用预埋或后置锚固件固定时，锚固件数量、位置、锚固深度和拉拔力应符合设计要求。后置锚固件应进行锚固力现场拉拔试验。

保温层采用机械锚固时，无论是预埋件还是后置埋件，锚固件数量、位置、锚固深度和拉拔力是决定锚固效果的4个主要因素，直接涉及安全。

检查与验收：检查与验收的方法有两种，一种是观察和手扳尺量检查，包括对保温材料厚度采用钢针插入或剖开后直接用尺量检查；另一种对黏结强度和锚固力首先进行隐蔽工程验收，然后进行试验并出具试验报告，验收时核查隐蔽工程验收记录和试验报告即可。

黏结强度试验和锚固拉拢力试验，当施工企业实验室有能力时可由施工企业实验室承担，也可委托具备资质的检测机构进行试验。当采用的试验方法可以在承包合同中约定，也可选择现行的行业标准、地方标准推荐的相关试验方法。

对于黏结强度试验和锚固拉拔力试验，规定了最少检查数量，即每个检验批抽查不应少于3处。具体抽样可按照所选用的标准执行。当标准未规定抽样数量或规定的抽样数量少于本规定时，应按照本规定执行。试验结果应符合设计和有关标准的规定。

（8）外墙采用预置保温板现场浇筑混凝土墙体时，保温板的验收应符合本章（二、外墙保温工程的施工技术及质量控制要点）的规定。保温板的安装位置应正确、接缝严密，保温板在浇筑混凝土的过程中不得移位、变形，保温板表面应采取界面处理措施，与混凝土黏结应牢固。

混凝土和模板的验收，应按《混凝土结构施工质量验收规范》（GB / T 50204）的相关规定执行。

检验方法：观察检查；核查隐蔽工程验收记录。

检查数量：全数检查。

外墙采用预置保温板现场浇筑混凝土墙体属于外墙外保温。施工中除了保温材料本身质量之外，容易出现保温板移位以及保温板与混凝土之间的黏结不牢固。故要求施工单位安装保温板时应做到位置正确、接缝严密，在浇筑混凝土过程中应采取措施并设专人监控以保证保温板不移位、变形、损坏。保温板接缝处不能灌入混凝土。

检查与验收：检验方法主要是在施工过程中观察检查。对隐蔽工程进行验收，形成详细的验收记录以及图像资料。保温工程验收时则核查隐蔽工程验收记录。

当外墙采用保温浆料做保温层时，应在施工中制作同条件养护试件，检测其导热系数、干密度和压缩强度。保温浆料的同材料试件应见证取样送检。

检验方法：核查试验报告。

检查数量：每个检验批应抽样制作同条件养护块不少于3组。

(9) 保温浆料又称保温砂浆，全名为“胶粉EPS颗粒保温浆料”。通常为双组分，使用时按一定比例要求加水拌制而成。

保温浆料的配制在施工现场完成。由于施工现场的条件所限，保温砂浆的配合比、搅拌时间、使用时间等一致性较差，施工质量不易控制。浆料保温层的保温性能主要依靠施工中制作的同条件试件来检验。要求在施工中应制作同条件养护试件，检测其导热系数、干密度和压缩强度等参数。

检查与验收：制作同条件试件的目的是为了检测保温砂浆的导热系数、干密度和压缩强度等参数，而各个参数的试验要求不同，因此制作同条件试块也不相同。

测试干密度用的同条件试块的尺寸为300 mm×300 mm×300 mm，养护时间为28 d，试块数量为每个检验批至少制作1组，每组3块。测试干密度后的试件，按《绝热材料稳态阻及有关特性的测定防护热板法》(GB / T 10294)的规定测试导热系数。测试压缩强度用的同条件试块的尺寸为100 mm×100 mm×100 mm，养护时间为28 d，试块数量为每个检验批至少制作1组，每组5块。

(10) 墙体节能工程各类饰面层的基层及面层施工，应符合设计《建筑装饰装修工程质量验收规范》(GB / T 50210)的要求，并应符合下列规定：

1) 饰面层施工的基层应无脱层、空鼓和裂缝，基层应平整、洁净，含水率应符合饰面层施工的要求。

2) 外墙外保温工程不宜采用黏贴饰面砖做饰面层；当采用时，其安全性与耐久性必须符合设计要求。饰面砖应进行黏结强度拉拔试验，试验结果应符合设计和有关标准的规定。

3) 外墙外保温工程的饰面层不得渗漏。当外墙外保温工程的饰面层采用饰面板开缝安装时，保温层表面应具有防水功能或采取其他防水措施。

4) 外墙外温层及饰面层与其他部位交接的收口处，应采取密封措施。

检验方法：观察检查。核查试验报告和隐蔽工程验收记录。

检查数量：全数检查。

无论是内保温还是外保温，保温层都不能直接暴露，必须用饰面层加以装饰和保护。由于饰面层位于保温层表面，其施工工艺和质量与保温层有密切关系。饰面层除了应符合设计要求和《建筑装饰装修工程质量验收规范》(GB / T 50210)的规定外，还要遵守墙体节能工程的4项基本要求，主要目的是防止外墙外保温出现安全和保温效果降低等问题。

工程实践证明，饰面层的真质量在很大程度上取决于基层质量。通常最基本的要求是饰面层的基层应无脱层、空鼓和裂缝，基层应平整、洁净，含水率应符合饰面层施工的要求。

外墙外保温工程不宜采用黏贴饰面砖做饰面层，是倡导改变目前许多外墙外保温工程经常采用饰面的实际情况。保温层强度一般较低，如果采用面砖做饰面，年限较长后会部分脱落，高层建筑这种危害更为严重，故规范建议不宜采用。通常可采用涂料作为饰面层。当一定要采用饰面砖时，必须有保证保温层与饰面砖安全性与耐久性的措施。并且这些措施的有效性应通过试验加以证明。

近年来，开发研制的柔性饰面砖外墙外保温技术体系，有效地解决了热应力放大带来的困扰和水汽无法平衡和自重带来的危险，又赋予了EPS板薄抹灰外墙外保温体系一种简约高雅的饰面砖视觉效果和抗冲击的能力，避免了高层建筑物外墙外保温饰面材料脱落的危险。特别适用于高层、超高层外墙外保温。

柔性饰面砖其特点：

① 柔性。解决了饰面砖与饰面砖黏结砂浆、保护层砂浆弹性模量匹配的矛盾，最大限度地吸收、释放了周而复始的热应力变形，进而使保温体系整体均不会产生空鼓、脱落、开裂等质量通病。

② 轻质。不会产生自重下垂的水平裂缝，保证了安全。

③ 防水透气。有利于水汽平衡，无向外膨胀的内部压力，无空鼓、脱落的潜在危险。

④ 自洁耐久。耐候、自洁性优良，抗紫外线穿透力强，不变色。在高湿高温环境中，有机胶凝材料不会逆转发生再乳化反应(返白、返胶)，不会沾染大气中的浮尘。风吹雨刷即可自洁，不受气候影响，抗霜冻、高温和暴雨，使用寿命可达25年以上。

⑤ 美观阻燃。柔性饰面砖由于颜色的多样化和尺寸的随意性，更能激发设计人员的灵感，满足饰面砖装饰效果。其阻燃性有效地保护了保温层、外墙外保温整个体系。

⑥ 功效高又防水。柔性饰面砖体薄质轻，安装简单，施工不下滑，黏贴后只需作描缝处理，功效比普通饰面砖体系提高50%以上，克服了普通饰面砖勾缝处开裂渗漏的质量问题。

外墙外保温工程的饰面层一旦渗漏，水分进入保温层内，将降低保温效果。加之水分滞留在保温层内，难以散发，可能出现内墙结露、发霉等。如果北方地区经过冻融还可能造成安全问题。

特别是外墙外保温工程的饰面层，如果采用饰面开缝安装，雨水很容易进入板后的保温层表面，故特别规定，保温层表面应具有防水功能或采取其他相应的防水措施，以防止保温层浸水失效。在施工中如果遇到设计无此要求时，应提出洽商解决。

外墙外保温层及饰面层与其他部位交接的收口处，应采取密封措施，同样是考虑保温及饰面层的防水。这种防水和密封不仅影响保温效果，还将进而影响到外保温层的安全性和耐久性，应该引起我们重视。

检查与验收：基本方法是观察检查。但是有些项目仅依靠观察不易发现问题，需要细致耐心地进行观察和判断。必要时要辅之以其他方法。凡是隐蔽工程，在隐蔽前应进行隐蔽工程检查和验收，在检验批或分项工程验收时则应核查隐蔽工程验收记录。除饰面砖黏结外，其他项目的检查数量都应全数检查。

对于饰面砖黏结强度，应进行黏结强度拉拔试验。拉拔试验应按照《饰面转黏结强度检验规程》(JGJ 110)的规定进行，试验结果应符合设计和有关标准的规定。

(11) 保温砌块砌筑的墙体，应采用具有保温功能的砂浆砌筑。砌筑砂浆的强度等级应符合设计要求。砌体的水平灰缝饱满度不应低于90%，竖直灰尘缝饱满度不应低于80%。

检验方法:对照设计核查施工方案和砌筑砂浆强度试验报告。用百格网检查灰缝砂浆饱满度。

检查数量:每楼层的每个施工段抽查一次,每次抽查 5 处,每处不少于 3 个砌块。

保温砌块砌筑的墙体,其灰缝应采用保温砂浆砌筑。采用普通砂浆,墙体的灰缝部位将成为“热桥”,严重降低墙体保温效果。即使保温砌体采用了保温砂浆砌筑,其灰缝的饱满度对墙体节能效果也有一定影响。无论是从砌体安全角度还是从节能角度,都要求砌体灰缝砂浆有较好的饱满度。保温砌体灰缝砂浆饱满度的要求应严于普通灰缝饱满度。

检查与验收:整个检查验收方法可以参照《砌体工程施工质量验收规范》(GB 50203)相关章节的规定。对砂浆强度的检验方法,应对照设计核查施工方案和砌筑砂浆强度试验报告。保温砂浆强度试块的制作可以参照普通砂浆的要求。对灰缝砂浆饱满度的检查,应使用百格网。检查数量与普通砌体相同,即每楼层的每个施工段至少抽查一次,每次抽查 5 处,每处不少于 3 个砌块。

(12)采用预制保温墙板现场安装的墙体,应符合下列规定:

1)保温墙板应有型式检验报告,型式检验报告中应包含安装性能的检验;

2)保温墙板的结构性能、热工性能与主体结构的连接方法符合设计要求,与主体结构连接必须牢固;

3)保温墙板的板缝处理、构造节点及嵌缝做法符合设计要求;

4)保温墙板板缝不得渗漏。

检验方法:核查型式检验报告、出厂检验报告、对照设计观察和淋水试验检查。核查隐蔽工程验收记录。

检查数量:型式检验报告、出厂检验报告全数检查;其他项目每个检验批抽查 5%,并不少于 3 块(处)。

采用预制保温墙板现场安装组成保温墙体,要控制预制保温墙板本身的质量,墙板安装的质量,板缝处理等。

预制保温墙板本身包括结构性能、热工性能、安装性能等。这些均应由生产厂家负责,故厂家出具的型式检验报告中应有相应数据。人们往往比较重视预制保温墙板的结构性能和热工性能,而对安装性能注意不够。故明确要求型式检验报告中应包含安装性能检验合格的信息。核查预制保温墙板的型式检验报告,应注意报告中提供的保温墙板的结构性能、热工性能、尺寸和安装性能是否齐全,是否都符合设计要求。

墙板与主体结构连接必须牢固的检查,首先,应确定墙板主体结构的连接方法应符合设计要求。其次,应对隐蔽工程验收记录进行核查,通过隐蔽工程验收记录判断连接质量是否牢固可靠,例如,埋件数量、焊接质量等是否满足要求。

保温墙板的板缝处理、构造节点及嵌缝做法等对安全和节能也有较大的影响,故也应通过核查隐蔽工程验收记录证实其做法符合设计要求。

保温墙板板缝不得渗漏的规定,是考虑组装的预制墙板与整体制作的保温墙体相比更容易出现连接处渗漏。防止出现渗漏的关键是确保缝隙密封处理。检查安装好的保温墙板板缝是否渗漏,虽可采取观察方法,但是不易判断是否渗漏,因此可采用现场淋水试验的方法,对墙体板缝部位连续淋水 1 h 不渗漏为合格。

检查与验收：检验方法主要是核查型式检验报告、出厂检验报告和隐蔽工程验收记录。判断墙体是否渗漏应对照设计进行观察和淋水试验检查。

对资料核查的数量为100%，即所有的型式检验报告、出厂检验报告和隐蔽工程验收记录都应核查，不应遗漏。其他进行实体抽样检查的每个检验批抽查5%，并不少于3块（处）。

（13）当设计要求在墙体内设置隔气层时，隔气层的位置、使用的材料及构造做法应符合设计要求和相关标准的规定。隔气层应完整、严密，穿透隔气层处应采取密封措施。隔气层冷凝水构造应符合设计要求。

检验方法：对照设计观察检查，核查质量证明文件和隐藏工程验收记录。

检查数量：每个检验批抽查5%并不少于3处。

墙体内隔气层的作用，主要防止空气中的水分进入保温层影响保温效果，形成结露。隔气层面积大，又属于隐蔽工程，不仅施工时其质量容易忽视，而且其他工序施工时隔气层也容易遭到破坏。对隔气层容易出现的破损、透气等问题，规定隔气层设置的位置、使用的材料及构造做法，应符合设计要求和相关标准的规定。要求隔气层应完整、严密，穿透隔气层应采取密封措施。隔气层冷凝水排水构造应符合设计要求。由于隔气层面积大，故不可能等待其全部完工后再一次验收，而应分批验收，施工过程中随做随验，并做好验收记录。

检查与验收：检验方法主要有两种：一是对照设计观察检查；二是核查质量证明文件和隐蔽工程验收记录。实际上，隔气层质量控制与检查主要依靠隐蔽工程验收来把关。而隐蔽工程验收的主要方法是对照设计仔细观察检查。发现问题要及时修补。

对隔气层的检查为抽查。抽查数量为每个检验批抽查5%并至少检查3处。检验批的划分即采用相同材料、工艺和施工做法的墙面，每500～1 000 m^2划分为一个检验批，不足500 m^2也为一个检验批。检验批的划分也可根据与施工流程相一致且方便施工与验收的原则，由施工单位与监理（建设）单位共同商定。每个检验批抽查5%的规定是按照面积，每个检验批应检查50～100 m^2抽查不少于3处是为了当检验批较小时保证最低检查数量。

（14）外墙或毗邻不采暖空间墙体上的门窗洞口四周的侧面，墙体上凸窗四周的侧面，应按设计要求采取节能保温措施。

检验方法：对照设计观察检查，必要时抽样剖开检查。核查隐蔽工程验收记录。

检查数量：每个检验批抽查5%，并不少于5个洞口。

窗洞口与外墙面垂直的4个小面，保温施工较复杂，尤其是墙体上凸窗四周的侧面，容易出现“热桥”或保温层缺陷。处理不当会严重降低节能效果。在节能设计中，设计应给出需要采取的隔断热源或节能保温措施。但是有些设计单位未给出处理措施。当遇到设计未对上述部位提出要求时，施工单位应与设计、建设或监理单位联系，确认应采取处理措施。施工单位应在施工方案中明确这些部位的做法。

检验方法主要是核查隐蔽工程验收记录。在隐蔽工程验收时应对照设计观察检查，查看上述部位是否进行了处理，保温层的厚度、拼缝以及拐角、缝隙等处的做法是否严密或密实，处理方法是否符合设计或施工方案的要求。如果已经隐蔽无法观察，也无照片可靠证明，则应随机选取一定数量部位剖开检查。

检查数量按照规定划分的检验批，每个检验批检查5%，并不少于5个洞口。注意应随机抽样检查，被检查部位应尽可能均匀分布以便有较好的代表性。

（15）严寒和寒冷地区外墙“热桥”部位，应按设计要求采取节能保温等隔断“热桥”措施。

检验方法：对照设计和施工方案观察检查。核查隐蔽工程验收记录。

检查数量：按不同“热桥”种类，每种抽查20%，并不少于5处。

本条为强制性条文。

围护结构中的“热桥”部位由于热流集中，对于总体保温隔热效果有影响。严寒和寒冷地区情况尤甚。故严寒和寒冷地区，均应按设计要求采取隔断热源或节能保温措施。当缺少设计要求时，应提出洽商，并在施工方案中对处理方案加以规定。本条特别针对严寒、寒冷地区的外墙“热桥”部位提出要求。

检查与验收：检验方法主要是核查隐蔽工程验收记录。在隐蔽工程验收时应对照设计观察检查，查看上述部位是否进行了处理，“热桥”部位保温层的厚度、拼缝等处的做法是否符合设计和施工方案的要求。应对有代表性的典型部位做法拍照证实。如果隐蔽无法观察，也无照片等可靠证明，则应随机选取一定数量部位剖开检查。

检查数量按照规定划分的检验批，并按不同“热桥”种类，每种抽查20%并不少于5处。一般情况下应随机抽样检查，被检查部位应尽可能均匀分布以便有较好的代表性。

三、一般项目

墙体节能工程施工质量检验的一般项目，是一般性验收要求，主要是对保温系统的材料、构件的外观和包装、加强网的铺贴、墙体的热工缺陷、保温板材的接缝、保温浆料的厚度与接槎、墙体上容易碰撞的特殊部位的处理，有机材料的陈化时间等方面提出的要求。

（1）进场节能保温材料与构件的外观和包装应完整无破损，符合设计要求和产品标准的规定。

检验方法：观察检查。

检查数量：全数检查。

节能保温材料与构件的内在质量要求已经被列在主控项目中。但是外观和包装如果破损，则同样有可能影响到材料或构件的质量。

本条强调的是带有包装的产品，其包装应完整不破损；无包装的产品，其外观应符合产品标准的要求，例如构件外观应整洁，无污染与损坏；松散材料的容器应完整无破损，以免杂质、水分等混入。

在大多数情况下，设计并不给出外观和包装要求，这些要求可能多数在产品标准或合同中提出，这时就要遵守这些要求，按照这些要求去验收。

检查与验收：对进入施工现场的节能保温材料与构件的外观和包装检查，主要是目视观察。有时需要辅之以简单的尺量，包括平尺、方尺、靠尺等的测量。

对于外观质量缺陷可分为两种，产品自身的缺陷和搬运中产生的缺陷。材料自身的缺陷较为复杂，主要是尺寸、受潮变形变质等。搬运中产生的缺陷通常有损坏、碰伤、裂缝或断裂等。验收材料时，产品自身缺陷和搬运中产生的缺陷都应检查。

(2) 当采用加强网作为防止开裂的措施时，加强网的铺贴和搭接应符合设计和施工方案的要求。砂浆抹压应密实，不得空鼓，加强网不得褶皱、外露。

检验方法：观察检查；核查隐蔽工程验收记录。

检查数量：每个检验批抽查不少于 5 处，每处不少于 2 m^2。

加强网在节能工程中通常用在容易开裂的部位如面层、洞口四角、拐角等部位的砂浆中，预防其开裂，并增强其整体性。加强网按照制作材料可分为金属网、耐碱玻璃纤维网格布两类。保温层的饰面层，常使用防裂砂浆作为保护层和装饰层，其厚度一般只有几毫米到十几毫米。这样抹面层置于轻质的保温层表面，容易开裂。施工中在抹面砂浆层铺贴加强网，防裂效果就会大大增强。

保温工程中使用的玻璃纤维网格布因为其长期处于水泥基砂浆的碱性环境中，故应采用耐碱型的，否则容易受到侵蚀腐烂。

常用的增强玻纤网，分成中碱玻纤涂塑网格布、耐碱玻纤涂塑网格布、无碱玻纤网格布及高碱玻纤网格布。

中碱玻纤涂塑网格布，在常温下有较好的耐碱性，但不适用于严寒，寒冷地区，低温作用下表面有机高分子层变脆。表层在冷缩应力作用下，会产生裂缝，进水与水泥溶解产生的氢氧化钙腐蚀玻纤网，使其很快失效，导致外墙外保温系统的失效。

耐碱玻纤涂塑网格布，有极好的耐候性和耐碱性，柔性好，具有抗胀力。如果用在严寒地区，标准网宜使用基布为 160 g / m^2 以上的，抗拉强度大于 1 250 N（50 mm × 200 mm）。

无碱玻纤网格布，受碱性腐蚀后，随着时间的延长，拉应力越来越低，最后导致没有强度。高碱玻纤网格布，不耐碱，拉应力很低。

上述后两种玻纤网格布绝对不能使用。

检查与验收：检验方法主要是核查隐蔽工程验收记录。在隐蔽工程验收时应对照设计和施工方案中的工艺要求观察检查，查看饰面层是否都压入了加强网，饰面层的厚度是否符合设计要求。

检查数量按照规定划分的检验批，每个检验批随机抽查不少于 5 处，每处不少于 2 m^2。

(3) 设置空调的房间，其外墙“热桥”部位应按设计要求采取隔断“热桥”措施。

检验方法：对照设计和施工方案观察核查。核查隐蔽工程验收记录。

检查数量：按不同热桥种类，每种抽查 10%，并不少于 5 处。

“热桥”对房间节能造成的影响，与所处地区环境有关。当所处地区环境的室内外温差不大时，影响较小；而当所处地区环境造成室内外温差较大时，“热桥”的影响就会明显增大。

当无设计要求时，应提出洽商，或按照施工技术方案进行处理。

检查与验收：主要是核查隐蔽工程验收记录。在隐蔽工程验收时应对照设计观察检查，查看“热桥”部位是否进行了处理，“热桥”部位保温层的厚度、拼缝等处的做法是否符合设计和施工方案的要求。应对有代表性的部位典型做法拍照证实。如果已经隐蔽无法观察，也无照片等可靠证明，则应随机选取一定数量剖开检查。完工后宜采用热工成像设备进行扫描检查，辅助了解其处理措施是否有效。

检查数量规定划分的检验批进行抽验，按不同热桥种类每种抽查 10%，并不少于 5 处。一般情况下应随机抽样检查，被检查部位应尽可能均匀分布以便有较好的代表性。

（4）施工产生的墙体缺陷，如穿墙套管、脚手眼、孔洞等，应按照施工方案采取隔断“热桥”措施，不得影响墙体热工性能。

检验方法：对照施工方案墙体热工性能。

检查数量：全数检查。

设计上无法预知施工造成的墙体缺陷。设计也不会出具弥补措施，只能由施工单位自行处理。

施工单位在墙体施工前，应专门制定消除外墙热桥的措施，并在技术交底中加以明确。施工中应对施工产生的墙体缺陷，并按照施工方案采取隔断“热桥”措施进行处理，这种处理应列为隐蔽工程验收并应加以记录。完工后宜采用热工成像设备进行扫描检查，辅助了解其处理措施是否有效。

检查与验收：主要是核查隐蔽工程验收记录。在隐蔽工程验收时应对照施工方案观察检查，查看上述部位是否进行了处理，“热桥”部位保温层的厚度、拼缝等处的做法是否符合施工方案的要求。检查数量为全数检查。

（5）墙体保温板接连方法应符合施工方案要求。保温板接缝应平整严密。

检验方法：观察检查。

检查数量：每个检验批抽查10%，并不少于3处。

墙体保温板材的接缝方法，各地做法不尽相同，部分地区要求接缝处使用胶黏剂黏结，另外一些地区则要求保温板接缝处不黏结，只要接缝严密牢固即可。工程实践证明上述两种做法均可，其效果并无不同，实际上对于保温板的接缝来说，最主要的是严密、可靠固定，以免在抹灰或浇筑混凝土时砂浆或水泥浆进入缝隙内造成“热桥”。

检查与验收：检验主要是核查隐蔽工程验收记录。在隐蔽工程验收时应对保温板拼缝、黏贴、固定等对照施工方案观察检查，重点查看板缝部位处理是否符合施工方案要求，拼缝的做法是否符合施工方案的要求。

（6）墙体采用保温浆料时，保温浆料层宜连续施工；保温浆料厚度应均匀、接茬应平顺密实。

检验方法：观察、尺量检查。

检查数量：每个检验抽查10%，并不少于10处。

从施工工艺角度看，除砂浆成分、配制过程和厚度要求外，保温浆料的抹灰与普通抹灰并无太大不同。

保温浆料要连续施工，是防止先后施工的砂浆其保温性能出现差异。要求保温层厚度均匀、接茬平顺密实是要保证良好一致的保温效果。

检查与验收：对保温砂浆的施工、接缝、平顺密实等采用观察检查的方法。对保温砂浆的厚度用尺量检查。检查数量为每个检验批抽查10%，并不少于10处。

（7）墙体上容易碰撞的阳角、门窗洞口及不同材料基体的交接处等特殊部位，其保温层应采取防止开裂和破损的加强措施。

检验方法：观察检查；核查隐蔽工程验收记录。

检查数量：按不同部位，每类抽查10%，并不少于5处。

保温砂浆强度较低。墙体上容易碰撞损伤的阳角、门窗洞口等部位以及不同材料基体的交接处，因线性膨胀系数不同，容易出现裂缝，故要采取加强措施。采取的加强措施通常有:在面层砂浆中增做加强网,采用强度较高的材料做表层,在这些部位的表面增加金属或木质防护层(如护角)等。这些措施应该由设计给出。如未给出,施工单位应提出洽商,根据洽商意见将选择的加强措施写入施工方案,按照执行。

检查与验收:对上述易损部位的加强措施,多数都属于隐蔽工程,检验方法主要是核查隐蔽工程验收记录。隐蔽工程验收时,应观察确定的加强措施是否实施,并应拍照证实。

(8)采用现场喷涂或模板浇注的有机类保温材料做外保温时,有机类保温材料应达到陈化时间后方可进行下道工序施工。

检查方法:对照施工方案和产品说明书进行检查。

检查数量:全数检查。

有机类保温材料的体积稳定性会随时间发生变化,成形后需经过一定时间才趋于稳定,具体陈化时间的长短,可根据不同有机类保温材料的产品说明书确定。

如果未达到陈化时间就进行下道工序施工,则用作保温的有机材料因体积变化很可能开裂。

检查与验收:对有机类保温材料陈化时间的检查可分为两个步骤:首先应对照施工方案和产品说明书,明确该类有机类保温材料的具体陈化时间。然后对现场使用的有机类保温材料是否到陈化时间进行检查。但是仅凭观察不易判断有机类保温材料是否达到陈化时间,故应检查该材料使用日期,只有达到陈化时间后方可进行下道工序施工。检查数量为全部有机类保温材料的陈化时间都应检查,即全数检查。

第三章　门窗节能工程

门窗节能工程是建筑节能分部工程的一个分项工程。门窗制作安装质量控制的重点是安全及满足使用功能(采光、通风、保温隔热、隔声、防水等)。长期的施工经验使门窗工程施工工艺趋于成熟。从门窗节能方面来把握工艺和质量,达到设计门窗节能效果,主要是提高窗户制作安装精度,做好窗框与窗洞之间密封,做好窗洞四个侧面的保温。

第一节　门窗节能工程施工

一、塑料门窗安装质量控制要点

(1)准备工作

检查洞口用于同一类型的门、窗及其相邻上、下、左、右的洞口应保持拉通线,洞口应横平竖直,洞口宽度与高度尺寸的允许偏差应符合表 3-1 的规定。

表 3-1　洞口宽度或高度尺寸的允许偏差

单位:mm

墙体表面 \ 洞口宽度或高度	<2 400	2 400～4 800	>4 800
未粉刷墙面	±10	±15	±20
已粉刷墙面	±5	±10	±15

检查连接点的位置和数量。塑料门、窗框与墙体的连接固定,应考虑受力和塑料变形的因素,连接固定点布设如图 3-1 所示。

1)连接固定点的中距不应大于 600 mm;

2)连接固定点距框角不应大于 150 mm;

3)不允许在有横档或竖档的框外设置连接点。

按照设计图纸要求,在墙上弹出门、窗框安装的位置线。

(2)塑料门、窗安装的工艺流程

门窗框上安铁件 → 立门、窗框 → 门、窗框矫正 → 门、窗框与墙体固定 → 嵌缝密封 → 安装门、窗扇 → 安装玻璃 → 镶配五金 → 清洗保护

(3)门窗框上安装铁件

在连接固定点的位置,在塑料门、窗框的背面钻 ϕ3.5 mm 的安装孔,并用 ϕ 4 自

攻螺钉将 Z 形镀锌连接铁件拧固在框背面的燕尾槽内。

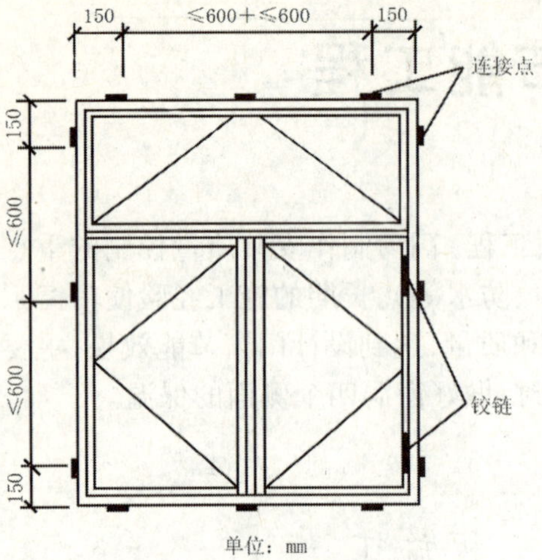

图 3-1　塑料门窗安装框、墙连接固定点布设

（4）立门窗框

将塑料门、窗框放入洞口内，用木楔将门、窗框临时固定，然后按照已弹出的水平线、垂直线位置，使其在垂直、水平、对中、内角方正均符合要求后，再将木楔楔紧。木楔的位置应塞在框角附近或受力处。门、窗框找平塞紧后，必须使框、扇配合严密，开关灵活。

（5）门、窗框与墙体固定

在塑料门、窗框上已安装好的 Z 形连接铁件与洞口的四周固定。固定时应先固定上框，而后固定边框。固定的方法应符合下列要求：

1）混凝土墙洞口，应采用射钉或塑料膨胀螺钉固定。

2）砖墙洞口，应采用塑料膨胀螺钉或水泥钉固定，但不得固定在砖缝上。

3）混凝土墙洞口，应采用木螺钉将固定片固定在胶粘圆木上。

4）设有预埋铁件的洞口，应采用焊接方法固定，也可先在预埋件上按紧固件打基孔，然后用紧固件固定。

5）窗下框与墙体的固定如图 3-2 所示。

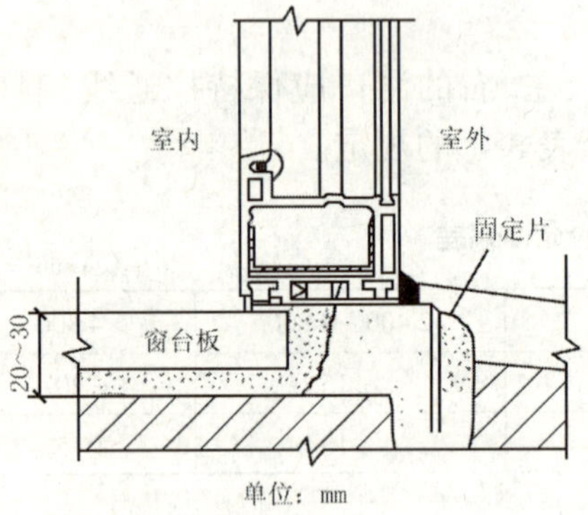

图 3-2　窗下框与墙体的固定

6）塑料门、窗框与墙体无论采用何种方法固定，均必须结合牢固，每个 Z 形连接件的伸出端不得少于 2 支螺钉固定。同时还应使塑料门、窗框与洞口墙之间的缝隙均等。

（6）嵌缝密封

塑料门、窗上的连接件与墙体固定后，卸下对拔木楔，清除墙面和边框上的浮灰。即可进行门、窗框与墙体间的缝隙处理，并应符合以下要求：

1）在门、窗框与墙体之间的缝隙内嵌塞 PE 高发泡条、矿棉毡或其他软填料，外表面留出 10 mm 左右的空槽。

2）在软填料内，外两侧的空槽内注入嵌缝膏密封，如图 3-3 所示。

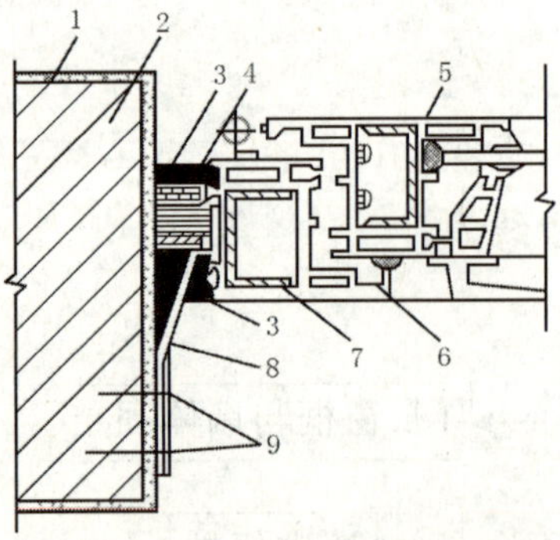

1—底层刮糙；2—墙体；3—密封膏；4—软质填充料；5—塑扇；6—塑框；7—衬筋；8—连接件；9—膨胀螺栓

图 3-3　塑料门窗框嵌缝注膏

3）注嵌缝膏时，墙体需干净、干燥，注胶时，室内外的周边均须注满、打匀，注嵌缝膏后应保持 24 h 不被水浸蚀。

(7) 安装门、窗扇

1) 平开门、窗:应先剔好框上的铰链槽,再将门、窗扇装入框中,调整扇与框的配合位置,并用铰链将其固定,然后复查开关是否灵活自如。

2) 推拉门、窗:由于推拉门、窗扇与框不连接,因此对拆卸的推拉扇,则应先安装好玻璃后再安装门、窗扇。

3) 对出厂时框、扇就连在一起的平开塑料门、窗,则可将其直接安装,然后再检查开闭是否灵活自如,如发现问题,则应进行必要的调整。

(8) 安装玻璃

1) 玻璃不得与玻璃槽直接接触,应在玻璃四边垫上不同厚度的垫块,承重垫块和定位垫块的位置,如图 3-4 所示。

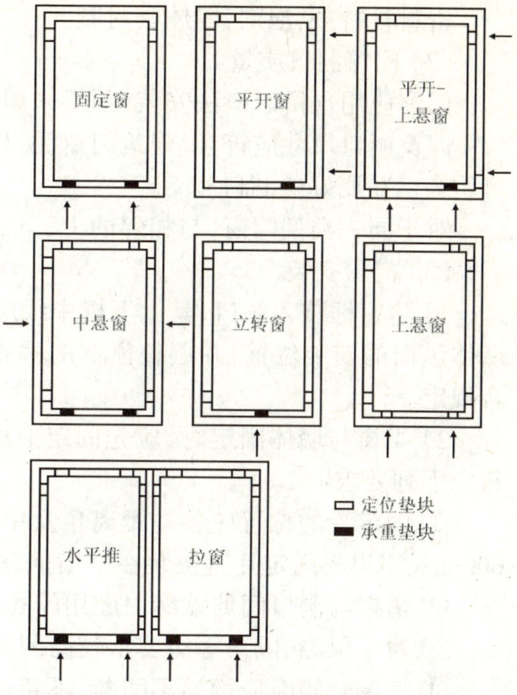

图 3-4　承重垫块和定位垫块的布置

2) 边框上的玻璃垫块,应用聚氯乙烯胶加以固定。

3) 将玻璃装入门、窗扇框内,然后用玻璃压条将其固定。

4) 安装双层玻璃时,应在玻璃夹层四周嵌入中隔条,中隔条应保证密封,不变形,不脱落玻璃槽及玻璃内表面应清洁、干燥。

5) 安装玻璃压条时可先装短向压条,后装长向压条。玻璃压条夹角与密封胶条的一夹角应密合。

(9) 镶配五金

镶配五金是塑料门、窗安装的一个关键环节,操作时应注意以下几点:

1) 安装五金配件时,应先在框、扇杆件上钻出略小于螺钉直径的孔眼,然后用配套的自攻螺钉拧入,严禁将螺钉用锤直接打入。

2) 安装门、窗铰链时,固定铰链的螺钉至少应穿过塑料型材的两层中空腔壁或与衬筋连接。

3) 在安装平开塑料门、窗时,剔凿铰链槽不可过深,不允许将框边剔透。

4) 平开塑料门窗安装五金时,应给开启扇留一定的吊高,正常情况是门扇吊高 2 mm,窗扇吊高 1 ~ 2 mm。

5) 塑料门、窗的所有五金配件均应安装牢固,位置端正,使用灵活。

(10) 清洁保护

二、密封塑钢门窗安装质量控制要点

(1) 安装材料

固定件:膨胀螺栓(常用为 10 号);

填充材料:泡沫板、发泡剂、保温岩棉;

密封材料:发泡剂、墙体密封胶。

(2) 门窗洞口质量

门窗应用预留洞口法安装,不得采用边安装边砌口或安装后砌口施工方法。

门窗洞口尺寸应符合《建筑门窗洞口尺寸系列》(GB / T 5824—2008)的有关规定(洞口均为已粉刷好的洞口)。

对于同一类型门窗,与相邻的上、下、左、右洞口应保持通线,洞口应横平竖直。

(3) 门窗安装

1) 将窗框装入洞口,其上下框中线应与洞口中线对齐。按设计图纸确定窗框在洞口墙体纵向的安装位置,并调整窗框的垂直度、水平度及直角度,对角线允许偏差均应符合规定。

2) 当窗与墙体固定时,应先固定上框,后固定边框。用固定片安装时,固定方法应符合下列要求:

① 固定片的位置应装在距离角及中横框、中竖框 230 mm 处,固定片间距不应大于 600 mm,不得将固定片直接装在中横框、中竖框的档头上。

② 窗框与洞口间伸缩缝内腔用闭孔泡沫或者发泡聚苯乙烯等弹性材料分层填充。

③ 对于保温、隔声等级要求较高的工程应采用相应的隔热、隔声材料填塞。

④ 填密封胶时应均匀不间断,不超过边框。

三、断桥铝合金门窗安装质量控制要点

(1) 选用断桥铝合金窗的质量标准

1) 保温性能 $K \leqslant 3.0\ W/(m^2 \cdot K)$;

2) 空气隔声性能不小于 35 dB;

3) 抗风压性能不小于 3 500 Pa;

4) 空气渗透性不大于 $1.0\ m^3/(m \cdot h)$;

5) 雨水渗透性不小于 400 Pa;

6) 尺寸及对角线尺寸公差等级不低于《塑料窗基本尺寸公差》(GB 12003—1989)一级标准。

(2) 选用玻璃的质量要求:钢化玻璃符合《建筑用安全玻璃第 2 部分:钢化玻璃》有关要求;中空玻璃符合《中空玻璃》(GB 11944—2002)要求。

(3) 钢副框安装

1) 钢副框在外墙保温及室内抹灰施工前进行,同时注意其表面的保护。

2) 将固定片镶入组装好的钢副框,四角各一对,距端部 50 ~ 100 mm。严格按照图纸设计安装点采用膨胀螺栓和固定片安装。固定片按不同安装位置及工程要求分别选用 150 mm × 20 mm × 1.5 mm 及 75 mm × 20 mm × 1.5 mm 两种;射钉为 M5X32 加强钉。

3) 将副框放入洞口,按照调整后的安装基准线准确安装副框,并将副框找正。将副框与主体结构用固定片和膨胀螺栓连接,安装点间距为 500 mm(洞口高 1 950 mm 的窗户侧两端为固定片,安装点间距控制在 700 mm 以内)。

根据所用位置不同,膨胀螺栓分别选用 M6 × 100 及 M6 × 80 两种,保证进入结构墙体

的长度不小于 50 mm；安装就位后，在膨胀螺栓顶帽处将膨胀螺栓与钢副框点焊连接，以防止膨胀螺栓在外力作用下松动，并及时对膨胀螺栓钉帽焊缝用防锈漆进行防锈处理。

4）副框下部用水泥砂浆固定，间距为 500 mm。

5）当封堵水泥砂浆强度达到 3.5 MPa 以上后，取下木楔及上次砂浆固定块。

6）钢副框与墙体间缝隙用 1∶2.5 水泥砂浆封堵，要求 100%填充密实。

（4）主框、窗扇及玻璃安装

1）铝合金主框在外保温施工完毕、外墙涂料施工前进行安装，窗扇随着铝合金主框一起安装。

2）根据钢副框的分格尺寸找出中心，确定上下左右位置，由中心向两边按分格尺寸安装窗的主框，铝合金主框内侧（朝向室内一侧）与钢副框内侧齐平，铝合金主框外侧（朝向室外一侧）超出钢副框部位下打发泡剂，目的是使发泡剂与铝合金主框、钢副框、外窗台很好地黏结，以有效防止该部位出现渗漏。

① 将主框放入洞口，严格按照设计安装点将主框通过安装螺母调整。

② 用调整螺钉将主框与副主框连接牢固，每组调整螺母与调整螺钉的间距为 350 mm。

③ 铝合金主框安装完毕后，根据图纸要求安装窗扇；主框与窗扇配合紧密、间隙均匀；窗扇与主框的搭接宽度允许偏差 ± 1 mm。

3）玻璃安装及打胶。

① 固定窗玻璃，在钢副框抹灰养护后，窗框安装完毕，用调整垫块将玻璃调整垫好。

② 装配后应保证玻璃与镶嵌槽间隙，并在主要部位装有减震垫块，使其能缓冲启闭力的冲击。

（5）断桥铝合金窗质量要求

1）断桥铝合金窗装配各项允许偏差见表 3-2。

表 3-2　断桥铝合金窗装配各项允许偏差

单位：mm

分项名称	序号	检查项目		允许偏差	检查方法
钢副框安装	1	钢副框槽口宽度、高度允许偏差	≤1 500	2.5	用钢卷尺
			>1 500	3.5	
	2	钢副框槽口对边尺寸之差	≤2 000	5	用钢卷尺
			>2 000	6	
	3	钢副框槽口对角线尺寸之差	≤2 000	5	用钢卷尺
			>2 000	6	
铝合金主框安装	1	主框槽口宽度、高度允许偏差	≤2 000	± 1.0	用钢卷尺
			>2 000	± 1.5	
	2	主框槽口对边尺寸之差	≤2 000	± 1.5	用钢卷尺
			>2 000	± 2.5	
	3	主框槽口对角线尺寸之差	≤2 000	± 1.5	用钢卷尺
			>2 000	± 2.5	
框、扇等相邻构件	1	同一平面高低差		≤0.3	用钢卷尺
	2	装配间隙		≤0.3	用钢卷尺

2）断桥铝合金窗其他装配技术要求：

① 窗构件连接应牢固，需用填充材料使连接部分密封、防水。

② 窗结构应有可靠的刚性，根据需要允许设置加固件。

③ 窗框、扇配合严密，间隙均匀，其扇与框的搭接宽度允许偏差 ± 1 mm。

④ 窗用附件安装位置正确，齐全牢固，应起到各自的作用，具有足够的强度，启闭灵活，无噪声。承受反复运动的附件，在结构上应便于更换。

⑤ 窗用玻璃、五金、密封等附件，其质量应与门窗的质量等级相适应。

⑥ 装配后应保证玻璃与镶嵌槽间隙，并在主要部位装有减震垫块，使其能缓冲启闭力的冲击。

⑦ 窗的品种、规格、尺寸、性能、开启方向、安装位置、连接方式及铝合金窗的型材壁厚应符合设计要求。

⑧ 铝合金窗框与副框的安装必须牢固。预埋件数量、位置、埋设方式、与框的连接方式必须符合设计要求。

⑨ 金属窗扇安装必须牢固，并应开启灵活、关闭严密、无倒翘。

⑩ 窗扇固定玻璃的橡胶密封条应安装完好，不得出现褶皱、脱槽、两方向不交圈等。

⑪ 钢副框、窗框（含拼接料）正、侧面的垂直度偏差每米不大于 2 mm。

⑫ 钢副框、窗框（含拼接料）的水平度偏差每米不大于 1.5 mm。

⑬ 钢副框、窗横框大的标高与基线比较偏差不大于 5 mm。

⑭ 转角窗应在同一设计立面内，相邻框在同一立面偏差不大于 1 mm，相邻窗在同一立面内偏差不大于 5 mm。

⑮ 各层楼窗侧面应在同一垂直直线内，总差不大于 5 mm。

⑯ 窗框对角线里角长度小于或等于 2 000 mm 时，对角线允许差不大于 1.0 mm，对角线里角长度大于 2 000 mm 时，对角线之差不大于 1.5 mm。

⑰ 平开窗应关闭严密、扇与框搭接量应均匀，允许偏差 1 mm。

⑱ 平开窗同樘相邻扇横端高度允许偏差 2 mm。

⑲ 型材表面不应有碰伤，不应有腐蚀污染。

四、聚氨酯 PU 发泡填缝在门窗安装中的应用

PU 填缝料导热系数为 0.03 ~ 0.04 W /（m·K），密度仅为 20 kg / m^3，有很好的保温性能；矿棉毡、玻璃棉毡的保温、隔声性能也较好，但随时间的推移会逐渐降低，而水泥砂浆则根本不具备保温性能。故近年来 PU 填缝料在铝合金及塑料门窗安装中得到了广泛应用。

PU 填料的施工

（1）准备工作

1）检查 PU 填缝料是否有出厂合格证，出厂时间是否在规定期限内（一般规定不得超过 18 个月）。

2）刮底糙：对门窗洞口四周进行刮底糙处理，洞口与窗框间隙视墙体饰面层材料而定，一般控制填缝宽度为 15 ~ 20 mm，如图 3–5 所示。

3）外侧嵌填嵌缝膏。

4）对前道工序进行验收。根据设计要求和现行有关铝、塑门窗安装及验收规范的规

定,应对门窗的原材料质量、制作安装质量进行验收,还应对门窗与建筑的连接方法以及连接件的规格、质量、间距、位置进行隐蔽验收。

(2) 填缝

按照《塑料门窗工程技术规程》(JGJ 103—2008)的规定,外侧应采用嵌缝膏进行密封处理。

1) 基层湿润:填注 PU 填缝料前先在基层喷洒清水,为保证喷洒均匀,要使其形成水雾(可用小型加压喷雾器)。其原因是基层湿润有利于 PU 填缝料充分膨化,且有利于 PU 填缝料与交界处充分黏结。

2) 填注时按垂直方向自下而上,水平方向自一端向另一端均匀喷注。喷注量可控制在填充体积的 2/3,以利于 PU 填料充分膨化。

3) 施工时温度不宜低于 5℃,有利于 PU 填缝料随温度升高发泡量增大。

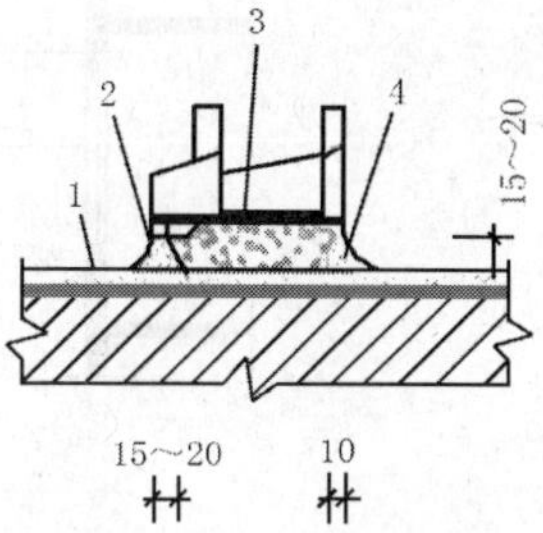

1—刮底糙;2—外侧嵌填缝膏;
3—PU 填缝料;4—内侧水泥砂浆勾缝
单位:mm

图 3-5 门窗洞口下部节点

第二节 门窗节能工程施工质量验收

门窗及玻璃制品种类繁多,门窗如按类型可分为:铝合金门窗、隔热铝合金门窗、塑料门窗、木门窗、铝木复合门窗、钢门窗、不锈钢门窗、隔热钢门窗、隔热不锈钢门窗、玻璃钢门窗等。门窗以开启形式可分为推拉、平开、平开推拉、上悬、平开下悬、中悬、折叠等多种形式。

玻璃制品按结构可分为:单层玻璃、中空玻璃、三层中空玻璃、夹层玻璃、夹层中空玻璃等;单片玻璃又分为透明玻璃、吸热玻璃、镀膜玻璃(包括 Low-E 玻璃、阳光控制型镀膜玻璃)等。

为了满足夏季的节能要求,门窗外侧一般遮阳设施的形式有水平遮阳板、垂直遮阳板、卷帘遮阳板、百叶遮阳、带百叶中空玻璃、外推拉百叶窗等。

采取窗口遮阳措施,能阻断直射阳光透过玻璃进入室内,防止阳光过分照射和加热建筑围护结构,为室内营造舒适的环境,降低室温和空调能耗。国内外的研究表明,窗口遮阳所获得的节能收益为 10% ~ 24%。此外,窗口遮阳还能防止直射阳光造成的强烈眩光,使室内光照度分布比较均匀。对周围环境来说,外遮阳是避免环境光污染的有效措施。遮阳形式如图 3-6 所示。

门窗节能工程,建筑节能设计标准中对其有遮阳系数、传热系数、可见光透射比、气密性能等相关要求。为了保证正常使用功能,在热工方面对门窗还有抗结露、通风换气要求等。

作为建筑施工企业,在门窗节能工程施工中,为了确保门窗节能工程达到设计标准,重点应做好的工作有:把握材料的保温品质(控制传热系数)及气密性能。具体地讲,就是通过选择材料、检验材料,制作门窗、安装门窗去实施。

门窗节能工程施工质量验收主要包括以下内容:

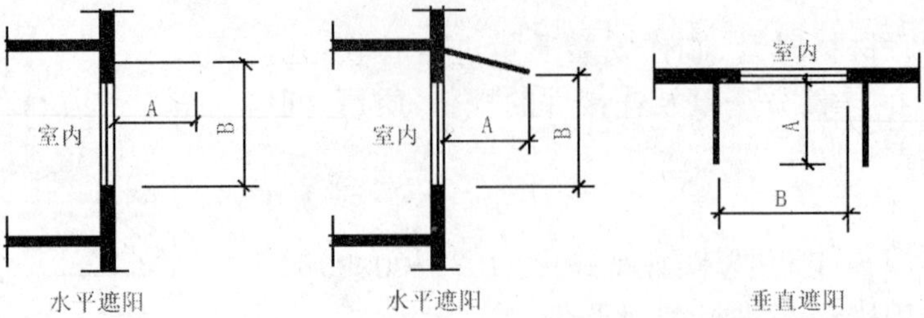

（遮阳形式）

（a）水平遮阳

（b）垂直遮阳

（c）综合遮阳

图 3-6　遮阳形式

① 门窗节能工程隐蔽验收的要求。

② 门窗的性能要求气密性能、传热系数、遮阳系数、可见光透射比、中空玻璃露点等。

③ 门窗及其关键的配件或材料的见证取样、复验的要求。

④ 门窗热工构造的要求，包括门窗与墙体的接缝处保温材料的填充、金属副框等。

⑤ 门窗安装的要求，包括玻璃安装、遮阳设施安装等。

一、一般规定

（1）适用范围

适用于建筑外门窗节能工程的质量验收，包括金属门窗、塑料门窗、木质门窗、各种复合门窗、特种门窗、天窗以及门窗玻璃安装等节能工程。

与围护结构节能关系最大的是与室外空气接触的门窗。门窗的节能指标包括传热系数、遮阳系数、可见光透射比、气密性能、抗结露性能等。验收所指的门窗节能工程，是涉及以上这些指标的有关材料，产品的控制，以及门窗施工质量验收过程中的相关内容。门窗节能相关的性能参数如下：

《民用建筑节能设计标准（采暖居住建筑部分）》(JGJ 26—1995)、《夏热冬冷地区居住建筑节能设计标准》(JGJ 134—2010)、《夏热冬暖地区居住建筑节能设计标准》(JGJ 75—2003)，三个住宅节能设计标准均对门窗提出了要求。如表 3-3、表 3-4、表 3-5、表 3-6 所示。

表 3-3 不同地区采暖居住建筑外门窗传热系数限值 *K*

单位：W/(m^2·K)

采暖期室外平均温度 / ℃	代表性城市	外墙传热系数		不采暖楼梯间户门	窗户（含阳台门上部）	阳台门下部门芯板	外 门
		体形系数≤0.3	体形系数＞0.3				
2.0 ~ 1.0	郑州、洛阳、宝鸡、徐州	1.10 1.40	0.80 1.10	2.70	4.70 4.00	1.70	—
0.9 ~ 0.0	西安、拉萨、济南、青岛、安阳	1.00 1.28	0.70 1.00	2.70	4.70 4.00	1.70	—
-0.1 ~ -0.1	石家庄、德州、晋城、天水	0.92 1.20	0.60 0.86	2.00	4.70 4.00	1.70	—
-1.1 ~ -2.0	北京、天津、大连、阳泉、平凉	0.90 1.16	0.55 0.82	2.70	4.70 4.00	1.70	—
-2.1 ~ -3.0	兰州、太原、唐山、阿坝、喀什	0.85 1.10	0.62 0.78	2.70	4.70 4.00	1.70	—
-3.1 ~ -4.0	西宁、银川、丹东	0.75	0.65	2.00	4.00	1.70	—
-4.1 ~ -5.0	张家口、鞍山、酒泉、伊宁、吐鲁番	0.68	0.60	2.00	3.00	1.35	—
-5.1 ~ -6.0	沈阳、大同、本溪、阜新、哈密	0.68	0.56	1.50	3.00	1.35	—
-6.1 ~ -7.0	呼和浩特、抚顺、大柴旦	0.65	0.50	—	3.00	1.35	2.50
-7.1 ~ -8.0	延吉、通辽、通化、四平	0.65	0.50	—	2.50	1.35	2.50
-8.1 ~ -9.0	长春、乌鲁木齐	0.56	0.45		2.50	2.50	2.50
-9.1 ~ -10.0	哈尔滨、牡丹江、克拉玛依	0.52	0.40	—	2.50	1.35	2.50
-10.1 ~ -11.0	佳木斯、安达、齐齐哈尔、富锦	0.52	0.40	—	2.50	1.35	2.50
-11.1 ~ -12.0	海伦、博克图	0.52	0.40	0.40	2.00	1.35	2.50
-12.1 ~ -14.5	伊春、呼玛、海拉尔、满洲里	0.52	0.40	—	2.00	1.35	2.50

表 3-4　夏热冬冷地区不同朝向、不同窗墙面积比的外窗传热系数和综合遮阳系数限值

建筑	窗墙面积比	传热系数 K / [W / (m²·K)]	外窗综合遮阳系数 SC_w(东、西向 / 南向)
体形系数≤0.40	窗墙面积比≤0.20	4.7	—/—
	0.20 < 穿墙面积比≤0.30	4.0	—/—
	0.30 < 穿墙面积比≤0.40	3.2	夏季≤0.40 / 夏季≤0.45
	0.40 < 穿墙面积比≤0.45	2.8	夏季≤0.35 / 夏季≤0.40
	0.45 < 穿墙面积比≤0.60	2.5	东、西、南向设置外遮阳 夏季≤0.25 / 冬季≥0.60
体形系数 > 0.40	窗墙面积比≤0.20	4.0	—/—
	0.20 < 穿墙面积比≤0.30	3.2	—/—
	0.30 < 穿墙面积比≤0.40	2.8	夏季≤0.40 / 夏季≤0.45
	0.40 < 穿墙面积比≤0.45	2.5	夏季≤0.35 / 夏季≤0.40
	0.45 < 穿墙面积比≤0.60	2.3	东、西、南向设置外遮阳 夏季≤0.25 / 冬季≥0.60

注:(1) 表中的"东、西"代表从东或西偏北 30°(含 30°)至偏南 60°(含 60°)的范围;"南"代表从南偏东 30° 至偏西 30° 的范围。

(2) 楼梯间、外走廊的窗不按本表规定执行。

表 3-5　夏热冬暖地区居住建筑物外窗平均传热系数和平均综合遮阳系数限值

建筑物外墙平均 K 值	建筑物平均结合遮阳系数 S_w	建筑物外窗平均传热系数 K / [W / (m²·K)]				
		平均窗墙面积比 C_M≤0.25	平均窗墙面积比 0.25 < C_M≤0.3	平均窗墙面积比 0.3 < C_M≤0.35	平均窗墙面积比 0.35 < C_M≤0.4	平均窗墙面积比 0.4 < C_M≤0.45
K≤2.0 D≥3.0	0.9	≤2.0	—	—	—	—
	0.8	≤2.5	—	—	—	—
	0.7	≤3.0	≤2.0	≤2.0	—	—
	0.6	≤3.0	≤2.5	≤2.5	≤2.0	—
	0.5	≤3.5	≤2.5	≤2.5	≤2.0	≤2.0
	0.4	≤3.5	≤3.0	≤3.0	≤2.5	≤2.5
	0.3	≤4.0	≤3.0	≤3.0	≤2.5	≤2.5
	0.2	≤4.0	≤3.5	≤3.0	≤3.0	≤3.0
K≤1.5 D≥3.0	0.9	≤5.0	≤3.5	≤2.5	—	—
	0.8	≤5.5	≤4.0	≤3.0	≤2.0	—
	0.7	≤6.0	≤4.5	≤3.5	≤2.5	≤2.0
	0.6	≤6.5	≤5.0	≤4.0	≤3.0	≤3.0
	0.5	≤6.5	≤5.0	≤4.5	≤3.5	≤3.5
	0.4	≤6.5	≤5.5	≤4.5	≤4.0	≤3.5
	0.3	≤6.5	≤5.5	≤5.0	≤4.0	≤4.0
	0.2	≤6.5	≤6.0	≤5.0	≤4.0	≤4.0

续表

建筑物外墙平均K值	建筑物平均结合遮阳系数 S_w	建筑物外窗平均传热系数 K / [W / (m²·K)]				
		平均窗墙面积比 $C_M \leqslant 0.25$	平均窗墙面积比 $0.25 < C_M \leqslant 0.3$	平均窗墙面积比 $0.3 < C_M \leqslant 0.35$	平均窗墙面积比 $0.35 < C_M \leqslant 0.4$	平均窗墙面积比 $0.4 < C_M \leqslant 0.45$
$K \leqslant 1.0$ $D \geqslant 2.5$ 或 $K \leqslant 0.7$	0.9	≤6.5	≤6.5	≤4.0	≤2.5	–
	0.8	≤6.5	≤6.5	≤5.0	≤3.5	≤2.5
	0.7	≤6.5	≤6.5	≤5.5	≤4.5	≤3.5
	0.6	≤6.5	≤6.5	≤6.0	≤5.0	≤4.0
	0.5	≤6.5	≤6.5	≤6.5	≤5.0	≤4.5
	0.4	≤6.5	≤6.5	≤6.5	≤5.5	≤5.0
	0.3	≤6.5	≤6.5	≤6.5	≤5.5	≤5.0
	0.2	≤6.5	≤6.5	≤6.5	≤6.0	≤5.5

表 3-6　夏热冬暖地区南区居住建筑物外窗平均综合遮阳系数限值

建筑物外墙平均K值（$\rho \leqslant 0.8$）	外窗的综合遮阳系数 S				
	平均窗墙面积比 $C_M \leqslant 0.25$	平均窗墙面积比 $0.25 < C_M \leqslant 0.3$	平均窗墙面积比 $0.3 < C_M \leqslant 0.35$	平均窗墙面积比 $0.35 < C_M \leqslant 0.4$	平均窗墙面积比 $0.4 < C_M \leqslant 0.45$
$K \leqslant 2.0, D \geqslant 3.0$	≤0.6	≤0.5	≤0.4	≤0.4	≤0.3
$K \leqslant 1.5, D \geqslant 3.0$	≤0.8	≤0.7	≤0.6	≤0.5	≤0.4
$K \leqslant 1.0, D \geqslant 2.5$ 或 $K \leqslant 0.7$	≤0.9	≤0.8	≤0.7	≤0.6	≤0.5

注：(1) 本条文所指的外窗包括阳台门。
(2) 南区居住建筑的节能设计对外窗的传热系数不作规定。
(3) ρ 为外墙表面的太阳辐射吸收系数。

《公共建筑节能设计标准》(GB 50189—2005) 对门窗有如下要求，如表 3-7、表 3-8、表 3-9 所示。

表 3-7　严寒地区公共建筑门窗传热系数限值 K

单一朝向外窗（包括透明幕墙）		传热系数 / [W / (m²·K)]	
		体形系数≤0.3	0.3＜体形系数≤0.4
严寒地区 A 区	窗墙面积比≤0.2	≤3.0	≤2.7
	0.2＜窗墙面积比≤0.3	≤2.8	≤2.5
	0.3＜窗墙面积比≤0.4	≤2.5	≤2.2
	0.4＜窗墙面积比≤0.5	≤2.0	≤1.7
	0.5＜窗墙面积比≤0.7	≤1.7	≤1.5
	屋顶透明部分	≤2.5	

续表

单一朝向外窗(包括透明幕墙)		传热系数/[W/(m²·K)]	
		体形系数≤0.3	0.3<体形系数≤0.4
严寒地区B区	窗墙面积比≤0.2	≤3.2	≤2.8
	0.2<窗墙面积比≤0.3	≤2.9	≤2.5
	0.3<窗墙面积比≤0.4	≤2.6	≤2.2
	0.4<窗墙面积比≤0.5	≤2.1	≤1.8
	0.5<窗墙面积比≤0.7	≤1.8	≤1.6
	屋顶透明部分	≤2.6	

表3-8　寒冷地区公共建筑门窗节能性能指标限值

单一朝向外窗(包括透明幕墙)		体形系数≤0.3 传热系数 K/[W/(m²·K)]		0.3<体形系数≤0.4 传热系数K/[W/(m²·K)]	
		传热系数 K[W/(m²·K)]	遮阳系数 *SC*(东、南、西向/北向)	传热系数 K[W/(m²·K)]	遮阳系数 *SC*(东、南、西向/北向)
寒冷地区	窗墙面积比≤0.2	≤3.5	—	≤3.0	—
	0.2<窗墙面积比≤0.3	≤3.0	—	≤2.5	—
	0.3<窗墙面积比≤0.4	≤2.7	≤0.70/—	≤2.3	≤0.70/—
	0.4<窗墙面积比≤0.5	≤2.3	≤0.60/—	≤2.0	≤0.60/—
	0.5<窗墙面积比≤0.7	≤2.0	≤0.50/—	≤1.8	≤0.50/—
	屋顶透明部分	≤2.7	≤0.50	≤2.7	≤0.50

注:有外遮阳时,遮阳系数=玻璃的遮阳系数×外遮阳的遮阳系数;无外遮阳时,遮阳系数=玻璃的遮阳系数。

表3-9　夏热冬冷、夏热冬暖地区公共建筑门窗节能性能指标限值

单一朝向外窗(包括透明幕墙)		传热系数 K/[W/(m²·K)]	遮阳系数 *SC*(东、南、西向/北向)
夏热冬冷地区	窗墙面积比≤0.2	≤4.7	—
	0.2<窗墙面积比≤0.3	≤3.5	≤0.55/—
	0.3<窗墙面积比≤0.4	≤3.0	≤0.50/0.60
	0.4<窗墙面积比≤0.5	≤2.8	≤0.45/0.55
	0.5<窗墙面积比≤0.7	≤2.5	≤0.40/0.50
	屋顶透明部分	≤3.0	≤0.40
夏热冬暖地区	窗墙面积比≤0.2	≤6.5	—
	0.2<窗墙面积比≤0.3	≤4.7	≤0.50/0.60
	0.3<窗墙面积比≤0.4	≤3.5	≤0.45/0.55
	0.4<窗墙面积比≤0.5	≤3.0	≤0.40/0.50
	0.5<窗墙面积比≤0.7	≤3.0	≤0.35/0.45
	屋顶透明部分	≤3.5	≤0.35

注:有外遮阳时,遮阳系数=玻璃的遮阳系数×外遮阳的遮阳系数;无外遮阳时,遮阳系数=玻璃的遮阳系数。

建筑外门窗的节能相关性能指标主要是传热系数、遮阳系数、气密性能。建筑外窗气密性能分级应符合表 3-10 规定。

表 3-10　外窗气密性能分级

分级	2	3	4	5
单位缝长指标值 / q_1(m^3 / m·h)	$4.0 \geqslant q_1 > 2.5$	$2.5 \geqslant q_1 > 1.5$	$1.5 \geqslant q_1 > 0.5$	$q_1 \leqslant 0.5$
单位缝长指标值 / q_2(m^3 / m^2·h)	$12 \geqslant q_2 > 7.5$	$7.5 \geqslant q_2 > 4.5$	$4.5 \geqslant q_2 > 1.5$	$q_2 \leqslant 1.5$

建筑外窗热工性能分级见表 3-11。

表 3-11　外窗保温性能分级

分 级	3	4	5	6	7	8	9	10
指标值 / K [W / (m^2·K)]	$5.0 > K \geqslant 4.5$	$4.5 > K \geqslant 4.0$	$4.0 > K \geqslant 3.5$	$3.5 > K \geqslant 3.0$	$3.0 > K \geqslant 2.5$	$2.5 > K \geqslant 2.0$	$2.0 > K \geqslant 1.5$	$1.5 > K \geqslant 1.0$

传热系数和遮阳系数都是外门窗的主要节能性能。门窗与玻璃幕墙虽然在节能性能要求上相同,但构造不一样,实际施工中的施工工艺要求也不一样,验收时也应有不同的要求,在规范执行过程中应引起充分的重视。

(2) 门窗材料验收

建筑门窗进场后,应对其外观、品种、规格及附件等进行检查验收,对质量证明文件进行核查。

门窗的品种、规格及附件等均与节能性能有关,所以应进行检查验收,并对质量证明文件进行核查。

核查门窗质量证明文件,可以核对门窗的品种 、性能参数等是否与设计要求一致。通过对质量证明文件的核查,可以确定产品是否得到生产企业的合格保证。

(3) 隐蔽工程验收

建筑外门窗工程施工中, 应对门窗与墙体接缝处的保温填充做法进行隐蔽工程验收,并应有隐蔽工程验收记录和必要的图像资料。

门窗框与墙体缝隙如果处理不好,会影响门窗的节能效果。密封不严密热桥处容易引起结露和发霉,降低冬季保温效果。工程施工中应对这些部位进行隐蔽工程验收。

处理门窗与墙体之间的缝隙有很多种方法。对于南方夏热冬暖地区,缝隙的处理主要是防水,所以一般采用塞缝和密封胶密封处理即可。对于需要保温的其他地区,则应考虑缝隙处理带来的“热桥”问题,处理不好,容易在这些部位造成结露。

处理门窗缝隙的保温,现在多采用现场注发泡胶,然后采用密封胶密封防水。《塑料门窗工程技术规程》(JGJ 103—2008)要求,窗框与洞口之间的伸缩缝内腔应采用闭孔泡沫塑料、发泡聚苯乙烯等弹性材料分层填塞,填塞不宜过紧。

《建筑装饰装修工程质量验收规范》(GB / T 50210—2001)要求塑料门窗框与墙体间缝隙采用闭孔弹性材料填嵌饱满,表面应采用密封胶密封。密封胶应黏结牢固,表面应光滑、顺直、无裂纹。对于金属门窗,要求金属门窗的防腐处理及填嵌、密封处理应符合设计要求。金属门窗框与墙体之间的缝隙应填嵌饱满,并采用密封胶密封。密封胶表面应光滑、顺直、无裂纹。

（4）检验批划分

建筑外门窗工程检验批应按下列规定划分：

1）同一厂家的同一品种、类型、规格的门窗及门窗玻璃每 100 樘划分为一个检验批，不足 100 樘也为一个检验批。

2）同一厂家的同一品种、类型、规格的特种门每 50 樘划分为一个检验批，不足 50 樘也为一个检验批。

3）对于异形或有特殊要求的门窗，检验批的划分应根据其特点和数量，由监理（建设）单位和施工单位协商确定。

为了使门窗工程的节能验收可以与其他施工质量验收统一，基本按照《建筑装饰装修工程质量验收规范》（GB/T50210—2001）的规定。

（5）检查数量

建筑外门窗工程的检查数量应符合下列规定：

1）建筑门窗每个检验批应抽查 5%，并不少于 3 樘，不足 3 樘时应全数检查；高层建筑的外窗，每个检验批应抽查 10%，并不少于 6 樘，不足 6 樘时应全数检查。

2）特种门每个检验批应抽查 50%，并不少于 10 樘，不足 10 樘时应全数检查。

二、主控项目及检验方法

主控项目是门窗节能工程验收的核心内容，一共有 11 条。

（1）建筑外门窗的品种、规格应符合设计要求和相关标准的规定。

检验方法：观察、尺量检查；核查质量证明文件。

检查数量：按本章“一、（4）检验批划分”执行；质量证明文件应按照其出厂检验批进行核查。

建筑外门窗的品种、规格应符合设计要求和相关标准的规定。这是最低的要求，应该得到满足。门窗的品种一般包含了型材、玻璃等主要材料的信息，也包含一定的性能信息，规格包含了尺寸、分格信息等。

不同型材和不同玻璃组合有不同的节能性能，参考表 3–12 中的数据。

表 3–12　不同型材和不同玻璃组合的门窗性能表

玻璃	普通铝合金窗		断热铝合金窗		PVC 塑料窗	
透明玻璃（5 ~ 6 mm）	6.0	0.9 ~ 0.8	5.5	0.85	4.7	0.8
吸热玻璃	6.0	0.7 ~ 0.65	5.5	0.65	4.7	0.65
热反射镀膜玻璃	5.5	0.55 ~ 0.25	5.0	0.5 ~ 0.25	4.5	0.50 ~ 0.25
遮阳型 Low–E 玻璃	5.0	0.55 ~ 0.45	4.5	0.5 ~ 0.4	4.5	0.50 ~ 0.4
透明中空玻璃	4.0	0.75	3.5~3.0	0.7	3.0 ~ 2.5	0.7
Low–E 中空玻璃（充特殊气体时传热系数取小值）	3.5	0.55 ~ 0.3	3.0~2.0	0.5 ~ 0.25	2.5 ~ 2.0	0.5 ~ 0.25

注：表中仅是部分玻璃与不同型材组合的数据。表中热工参数为各种窗型中较有代表性的数据，不同厂家、玻璃种类以及型材系列品种都有可能有较大浮动，具体数值应以法定检测机构的检测值或模拟计算报告为准。

从表 3-12 中可以看到,不同种类的门窗,热工性能相差很大。另外,门窗不同的开启形式、采用不同的密封方式,其气密性能和热工性能指标均可能不同。门窗规格大小不同,热工性能就会发生变化。所以应该核查门窗的品种、规格。检查门窗的规格可以采用测量门窗的特征尺寸的办法。

通过对门窗质量证明文件的核查,可以核对门窗的品种、性能参数等是否与设计要求一致。通过对质量证明文件的核查,可以确定产品是否得到生产企业的合格保证。门窗的质量证明文件一般可包括:

1) 产品合格证;

2) 性能检测报告或门窗节能标识证书;

3) 玻璃合格证明文件;

4) 型材合格证明文件等。

检查与验收:门窗的特征尺寸采用尺量检查;产品外观质量采用目测观察;门窗的品种、规格等技术资料和性能检测报告等质量文件与实物一一核查。

验收的内容主要包括:门窗的品种、规格是否正确;外观质量是否符合要求;质量证明文件是否齐全;是否满足设计要求和节能标准的规定。

(2) 建筑外门窗的气密性、保温性能、中空玻璃露点、玻璃遮阳系数和可见光透射比应符合设计要求。

检验方法:检查质量证明文件和报告。

检查数量:全数核查。

本条为强制性条文。建筑外门窗的气密性、保温性能(传热系数)、中空玻璃露点、玻璃遮阳系数和可见光透射比都是重要的节能指标,应符合强制性条文的要求。

一定规格尺寸门窗的传热系数可以通过实验室测试确定, 也可以通过核查检测报告来检验。但实际工程中,门窗的尺寸很多,各种尺寸门窗的传热系数只能依靠计算确定。《建筑门窗玻璃幕墙热工计算规程》(JGJ / T 151—2008)对门窗的热工计算问题提供了计算方法。

玻璃的遮阳系数、可见光透射对比是门窗主要的节能指标要求。

测试门窗的传热系数应采用《建筑外窗保温性能分级及检测方法》(GB / T 8484—2008),测试气密性能应采用《建筑外窗气密性能分级及检测方法》(GB / T 7107—2002)。测量玻璃系统的相关热工参数应采用测试和计算相结合的办法。首先应测量组成玻璃系统的单片玻璃的全太阳光谱范围内的透射比、前反射比、后反射比和两个表面的远红外半球发射率, 然后采用行业标准《建筑门窗玻璃幕墙热工计算规程》(JGJ / T 151—2008)提供的方法计算玻璃的遮阳系数、可见光透射比。

中空玻璃的露点测试主要是测试玻璃中空层的密封状况。测试方法采用《中空玻璃》中提供的方法。

检查与验收:检验主要是核查门窗、玻璃等产品质量证明文件,以及按照本节(3)"隐蔽工程验收"中要求进行的复验而出具的复验报告。核对的内容为外门窗的气密性、保温性能(传热系数)、中空玻璃露点、玻璃遮阳系数和可见光透射比等。

检查核对覆盖所有的外门窗品种。

验收内容:门窗的性能指标是否符合设计要求。

(3) 建筑外窗进入施工现场时，应按地区类别对其下列性能进行复验，复验应为见证取样送检。

1) 严寒、寒冷地区：气密性、传热系数和中空玻璃露点；

2) 夏热冬冷地区：气密性、传热系数、玻璃遮阳系数、可见光透射比、中空玻璃露点；

3) 夏热冬暖地区：气密性、玻璃遮阳系数、可见光透射比、中空玻璃露点。

检查方法：随机抽样送检；核查复验报告。

检验数量：同一厂家、同一品种、同一类型的产品各抽查不少于 3 樘(件)。

为了保证进入工程用的门窗质量达到标准，需要在外窗进入施工现场时进行复验。

严寒、寒冷地区门窗容易结露，对门窗保温节能性能要求更高，所以需要对门窗的气密性能、传热系数进行复验。

夏热冬暖地区由于夏季太阳辐射对建筑能耗的影响很大，主要考虑门窗的夏季隔热，所以仅对气密性能进行复验。

玻璃的遮阳系数、可见光透射比以及中空玻璃的露点是建筑玻璃的基本性能，应该进行复验。因为在夏热冬冷和夏热冬暖地区，遮阳系数是非常重要的。

测试门窗的传热系数应采用《建筑外门窗保温性能分级及检测方法》(GB / T 8484—2008)。复验时应取一定的标准试件，送实验室进行测试。如果所检验的门窗品种进行了门窗节能指标的标识，应核对标识证书中的产品主要材料、构配件是否与现场所用的一致，如果一致，可采用标识证书中的参数。

测试气密性能应采用《建筑外窗气密性能分级及检测方法》(GB / T 7107—2002)。如果该门窗品种进行了门窗节能指标的标识，在核对了产品主要材料、构配件以后，可直接采用标识证书中的参数。

测量玻璃系统的相关热工参数应采用测试和计算相结合的办法。首先应测量组成玻璃系统的单片玻璃的性能，然后采用行业标准《建筑门窗玻璃幕墙热工计算规程》(JGJ / T 151—2008)计算。单片玻璃应进行抽样，按照实验室的要求取相应大小的玻璃片，送实验室测试。计算中空玻璃的相关参数应由实验室一并进行，并在玻璃检测报告中给出计算结果。

中空玻璃的露点测试采用《中空玻璃》(GB / T 11944—2002)中提供的方法。测试的结果满足产品标准的要求，说明中空玻璃的密封性能满足要求。

检查与验收：检验主要是抽样进行实验室测试。测试门窗或玻璃的相关参数必须委托专业实验室，并出具复验报告。

检验的内容为外门窗的气密性、保温性能(传热系数)、中空玻璃露点、玻璃遮阳系数和可见光透射比等。内容应根据所在地的气候分区进行选择。

复验的品种应覆盖主要的外门窗品种。检验的数量是同一厂家、同一品种、同一类型的产品应各抽查不少于 3 樘。

(4) 建筑门窗采用的玻璃品种应符合设计要求，中空玻璃应采用双道密封。

检验方法：观察检查；核查质量证明文件。

检查数量：按第二节一、(4)条执行。

门窗的节能很大程度上取决于门窗所用玻璃结构的形式(如单玻、双玻、三玻等)、种类(普通平板玻璃、浮法玻璃)及加工工艺(如单道密封、双道密封等)。为了达到节能要求，建筑门窗采用的玻璃品种应符合设计要求。

普通的中空玻璃应采用聚硫密封胶及丁基密封胶；隐框窗的中空玻璃应采用硅酮结构密封胶及丁基密封胶；镀膜面应在中空玻璃的第2或第3面上。中空玻璃应采用双道密封，因为一般密封胶的水蒸气渗透阻还不能保证中空玻璃内部空气不受潮，需要再加一道丁基胶密封。有些暖边间隔条将密封和间隔两个功能置于一身，本身的密封效果很好，可以不受到此限制。中空玻璃的间隔铝框可采用连续折弯形或插角形，不得使用热熔形间隔胶条。间隔铝框中的干燥剂宜采用专用设备装填。

检查与验收：检验采用的方法主要是外观观察检查和核对产品的质量保证文件。

玻璃的品种可以通过与已经测试过的留样样品进行观察来检验。在质量证明文件中应核对玻璃的单片品种，镀膜玻璃应核对镀膜的编号是否与设计选择的一致。

中空玻璃的密封是否采用双道密封主要通过观察。普通中空玻璃主要看是否有丁基胶密封和密封胶密封两道密封。

验收内容：核查玻璃验收检验单，核对玻璃品种是否符合设计要求。

（5）金属外门窗隔断"热桥"措施应符合设计要求和产品标准的规定，金属副框的隔断热桥措施应与门窗框的隔断桥措施相当。

检验方法：随机抽样，对照产品设计图纸，剖开或拆开检查。

检查数量：同一厂家、同一品种、同一类型的产品各抽查不少于1樘。金属副框的隔断热桥措施按检验批抽查30%。

金属窗的隔热措施非常重要，直接关系到其传热系数的大小。金属框的隔断热桥措施一般采用穿条式隔热型材、注胶式隔热型材，也有部分采用连接点断热措施。所以验收时应检查金属外门窗隔断热桥措施是否符合设计要求和产品标准的规定。

隔热型材的隔热条、隔热材料（一般为发泡材料）等，隔热条的尺寸和隔热条的导热系数对框的传热系数影响很大，隔热条的类型、标称尺寸必须符合设计的要求。铝合金隔热型材应符合下列标准的要求：

《建筑用隔热铝合金型材穿条式》（JG / T 175—2005）。

《铝合金建筑型材第6部分：隔热型材》（GB 5237.6—2004）。

检验这些隔热措施主要采用观察，必要时剖开检查，应核对所采取的隔热措施是否与设计图纸中的一致。检验时应采用游标卡尺测量隔热处的尺寸，核对其是否与图纸和性能检验报告中的一致。

有些金属门窗采用先安装副框的方法安装。这种方法因可以在土建基本施工完成后安装门窗，因而门窗的外观质量得到了很好的保护。但金属副框经常会形成新的热桥，应该引起足够的重视。这样，在严寒、寒冷地区，金属副框的隔热措施就很重要。这些部位可以采用发泡材料进行填充，使得金属副框不同时直接接触室外和室内的金属窗框。

检查与验收：检验采用的方法主要是观察检查和核对设计图纸文件，隔热的尺寸可采用游标卡尺测量。一些已经隐蔽的部位可采用剖开检查的方式。

检验的内容主要包括：型材的隔热措施、金属副框的隔热措施。

门窗检验的数量是同一厂家、同一品种、同一类型的产品应各抽查不少于3樘。金属副框按照第一节一、（4）条的检验数量进行检验。

验收内容：检查门窗进行场检验单，核查金属副框的隐蔽检验验收单。

(6)严寒、寒冷、夏热冬冷地区的建筑外窗，应对其气密性能做现场实体检验，检测结果应满足设计要求。

检验方法：随机抽样现场检验。

检查数量：同一厂家、同一品种、同一类型的产品各抽查不少于3樘。

严寒、寒冷、夏热冬冷地区建筑外窗的气密性能是影响节能效果的重要因素。为了保证节能效果达到设计要求，要求对这两种外窗的气密性做现场实体检验。

现场检验门窗的气密性能应采用《建筑门窗气密、水密、抗风压现场检测方法》(JG / T 211—2007)。在现场检验时应注意检测时的天气，风力会影响测量误差。高层建筑应在无风的天气进行测试。

检查与验收：检验采用抽样现场测试。

检验的内容：门窗的气密性能。

现场检验的数量同一厂家、同一品种、同一类型的产品应各抽查不少于3樘。

验收内容：核查测试报告，核对气密性能是否达到节能设计标准和设计要求。

(7)门窗框或副框与洞口之间的间隙应采用弹性闭孔材料填充饱满，并使用密封胶密封；外门窗框与副框之间的缝隙应使用密封胶密封。

检验方法：观察检查；核查隐蔽工程验收记录。

检查数量：全数检查。

外门窗框与副框之间以及门窗框或副框与洞口之间间隙的密封与否是影响门窗节能的一个重要因素，密封不严密，容易导致渗水，形成热桥。热桥则容易引起结露和发霉，工程施工中应对这些部位进行隐蔽工程验收。

处理门窗与墙体之间的缝隙有多种方法。对于南方夏热冬暖地区，缝隙的处理主要是防水，所以一般采用塞缝和密封胶密封处理。对于需要保温的其他地区，则应考虑缝隙处理带来的热桥问题，处理不好，容易在这些部位造成结露。

门窗缝隙的保温，现在多采用现场注发泡胶，然后采用密封胶密封防水。《塑料门窗工程技术规程》(JGJ 103—2008)要求：窗框与洞口之间的伸缩缝内腔应采用闭孔泡沫塑料、发泡聚苯乙烯等弹性材料分层填塞，填塞不宜过紧。

检查与验收：检验采用观察检查和核对设计图纸文件，一些已经隐蔽的部位可采用剖开检查的方式。

检验内容：外门窗框或副框与洞口之间的间隙填充是否满足要求。

检验数量：要求进行全数检查。

验收内容：核查门窗安装的隐蔽检验验收单。

(8)严寒、寒冷地区的外门安装，应按照设计要求采取保温、密封等节能措施。

检验方法：观察检查。

检查数量：全数检查。

严寒、寒冷地区的外门主要是指居住建筑的户门，公共建筑的常开出入门等。这些外门节能很重要，设计一般均注明保温、密封等节能措施。住宅建筑一般是采用门斗，公共建筑往往采用旋转门、自动门等。后者关开频率高，密封措施比较特殊。

由于这些外门在一个单位工程中数量较少，而往往又不太容易做好，因而要求全数检查。

检查与验收检验采用的方法主要是现场观察检查。

检验的内容:外门的节能措施。

现场检验数量:全部检查。

验收内容:核查现场检验单,核对设施是否符合设计要求。

(9) 外窗遮阳设施的性能、尺寸应符合设计和产品标准要求;遮阳设施的安装应位置正确、牢固,满足安全和使用的要求。

检验方法:检查质量证明文件;观察、尺量、手扳检查。

检查数量:按第一节一、(4)条执行;安装牢固程度全数检查。

在夏季炎热的地区遮阳设施的性能主要与其形状、尺寸、颜色、透光性能等均有很大关系,还与其调节能力有关,这些性能均应符合设计要求。

遮阳构件种类繁多,如百叶、遮阳板、遮阳挡板、卷帘、花格等。对于遮阳构件,其尺寸直接关系到遮阳效果。遮阳构件所用的材料的物理、化学、光学性能,也影响遮阳效果。

遮阳设施安装在室外节能效果好。北方普遍采用外墙外保温,以活动的外遮阳为主,但固定往往成了难题。遮阳设施在设计中应进行荷载核算,保证遮阳设施的安全。

检查与验收:检验采用核查遮阳设施的质量证明文件、观察检查、量尺寸、量位置、手扳检查其牢固程度。

检验的内容:质量证明文件,必要时包括性能检测报告;测量遮阳构件的尺寸、位置;现场观察检查遮阳构件的外观质量;遮阳设施的牢固程度,必要时可根据设计要求进行现场荷载测试。

现场检验数量:按照第一节一、(4)条的检验数量的30%抽查,安装牢固程度应全部检查,测试按照测试进行。

验收内容:核查构件进场验收检验单,现场检验单,核对是否符合设计要求。

特种门的性能应符合设计和产品标准要求;特种门安装中的节能措施,应符合设计要求。

(10) 检验方法:核查质量证明文件;观察、尺量检查。

检查数量:全数检查。

特种门与节能有关的性能主要是密封性能。对于人员出入频繁的门,其自动启闭、阻挡空气渗透的性能也很重要。自动启闭的门有旋转门、平移推拉门等,有的出入口采用消防逃生门。这些特殊品种的门,其产品的性能也有其特殊性。对照设计文件和产品质量证明文件,核对这些产品的性能是否符合要求。

另外,特种门的安装也有其特殊的要求,安装后应保证门的密封性能和启闭的灵活性。施工一定要按照产品设计的要求施工。

检查与验收:检验采用检查质量证明文件、观察检查、量尺寸等。

检验的内容:质量证明文件,必要时包括性能检测报告;测量门的规格尺寸;现场观察检查门的外观质量;门的安装是否符合设计要求,安装是否牢固、到位,必要时可根据设计要求进行现场启闭测试。

现场检验数量:全部检查,测试按照测试方案进行。

验收内容:核查构件进场验收检验单,现场检验单,核对是否符合设计要求。

(11) 天窗安装的位置、坡度应正确，封闭严密，嵌缝处不得渗漏。

检验方法：观察、尺量检查；淋水检查。

检查数量：按《建筑节能工程施工质量验收规范》第三节 6.1.5 条执行。

天窗与节能有关，与普通门窗类似，天窗的传热系数、遮阳系数、可见光透射比、气密性能等均应该满足普通门窗的要求。

天窗与普通窗最大的不同是安装的角度。角度不同往往会导致水密性低于普通门窗。所以天窗的安装位置、坡度等均应正确，安装后的天窗应保证封闭严密，不渗漏雨水。

检查与验收：检验采用的方法主要是观察检查、量尺寸、现场进行淋水试验等。

检验的内容：测量天窗的规格尺寸；现场观察检查天窗的外观质量；天窗的安装是否符合设计要求，安装是否符合坡度的要求，并进行现场淋水测试。

现场检验数量：按照第一节一、(4)条的检验数量，淋水测试按照测试方案进行。

验收内容：核查现场检验单，核对是否符合设计要求，现场淋水测试是否渗漏。

三、一般项目及检验方法

门窗节能工程施工质量的验收，一般项目是对主控项目的补充和细化。对在门窗节能工程施工中容易忽视，又影响门窗节能效果的(如密缝镶嵌、镀膜玻璃的安装等)提出了要求。

(1) 门窗扇密封条和玻璃镶嵌的密封条，其物理性能应符合相关标准中的规定。密封条安装位置应正确，镶嵌牢固，不得脱槽，接头处不得开裂。关闭门窗时密封条应接触严密。

检验方法；观察检查。

检查数量：全数检查。

门窗扇和玻璃的密封条，因使用中经常出现断裂、收缩、低温变硬等缺陷而造成门窗渗水，气密性下降。塑料门窗密封条质量应该符合《塑料门窗用密封条》(GB 12002—1989)标准要求。铝合金门窗的密封条的质量应符合《建筑橡胶密封垫预成型实心硫化的结构密封垫用材料规范》(HG / T 3099—2004)及《工业用橡胶板》(GB / T 5574—2008)的规定。

关闭门窗时应能保证密封条的接触严密，不脱槽。门窗关闭时密封条应能保持被压缩的状态。毛条的压缩应超过 10%以上，橡胶密封条应保持与铝型材紧密接触。

检查与验收：检验主要是核查密封条的质量证明文件、观察检查密封条的质量和窗扇安装的质量。

检验的内容：质量证明文件包括物理性能检测报告；现场观察检查密封条的外观质量；观察密封条的安装是否符合要求，安装是否牢固，接头处是否严密，关闭后密封条是否处于被压缩状态或与型材紧密接触。

现场检验数量：采用巡查全部检查，重点门窗应详细检验记录。

验收内容：核查现场检验单，核对是否符合要求。

(2) 门窗镀(贴)膜玻璃的安装方向应正确，中空玻璃的均压管应密封处理。

检验方法：观察检查。

检查数量：全数检查。

镀(贴)膜玻璃可以反射阳光或吸收阳光,镀膜应镀(贴)在靠近室外的玻璃上;为了避免镀膜层的老化,镀膜面一般在中空玻璃内部,单层玻璃应将镀膜置于室内侧。

为了保证中空玻璃在(尤其是海拔高度、温度相差悬殊)运输过程中避免损坏,或者避免中空玻璃因使用环境差异出现损坏或变形,中空玻璃设有均压管。在玻璃安装完成之后,为了确保中空玻璃的密封,均压管应进行密封处理。

检查与验收:检验主要是观察检查。

检验的内容:现场观察检查玻璃的安装朝向;验收中空玻璃时检查均压管(如有设置)是否在安装前被封闭。

现场检验数量:按照巡查的方式全部检查,重点部位仔细检查。

验收内容:核查现场检验单,核对是否符合要求。

(3) 外门窗遮阳设施调节应灵活、能调节到位。

检验方法:现场调节试验检查。

检查数量:全数检查。

遮阳设施的调节机构种类很多,如有撑杆机构、导轨机构、线控机构等。

共同的要求:调节灵活到位,充分发挥遮阳设施的节能作用。

测试遮阳构件是否灵活、可靠,可采用试验的方法。试验应直接采用该遮阳装置的调节方式进行。

检查与验收:检验采用现场试验的方法,每个遮阳设施至少一个来回的试验,重点部位应测试10次以上。

检验的内容:遮阳装置的调节功能是否满足设计要求,遮阳设施的调节是否到位。

现场检验数量:全部检查,重点测试按照测试方案进行。

验收内容:核查现场检验单,核对是否符合要求。

第四章　屋面节能工程

屋面节能工程是建筑节能分部工程的一个分项工程，主要工作内容包括：基层、保温隔热层、保护层、防水层、面层等。从建筑节能这个角度去把握屋面节能工程，应该理解为：保温隔热与防水并重。

屋面节能是建筑围护结构节能的重点之一，热耗量约占 10%，仅次于墙体和门窗。过去由于认识上的差异，对建筑物室内热环境不够重视，把屋面防水性能放在第一，致使严寒、寒冷地区屋顶层建筑的冬季室温要比中间层低 2 ~ 3℃，夏热冬冷和夏热冬暖地区屋顶层建筑夏季室温比中间层室温高 2 ~ 3℃。

截至 20 世纪 70 年代后期，屋面保温隔热才得以高度重视。长期屋面工程的施工实践，使屋面防水和保温隔热的工艺有了很大提高，屋面节能工程与墙体节能工程，门窗节能工程比较，一是与外界自然接触的面积小，二是保温隔热材料荷载垂直与基层，降低了屋面节能施工难度。

随着新型保温材料的开发和工艺的创新，板材、块材保温材料和整体式保温材料（如近几年开发的聚氨酯现场喷涂发泡）多用于屋面节能工程。下面重点介绍。

第一节　倒置式屋面保温层施工

屋面基本构造一般由基层（结构层）、找平层、防水层、保温层、保护层组成。传统的做法是防水层做在保温层上面。但工程实践证明，保温层做在防水层上面，可以有效延长防水层的使用寿命。前者称“正置式”，后者称“倒置式”。倒置式屋面构造如图 4–1 所示。

倒置式屋面构造中的保温层是屋面节能工程的重点。按保温层的工艺和使用的材料体形不同，分为松散材料保温层、板状材料保温层、整体保温层工程施工。

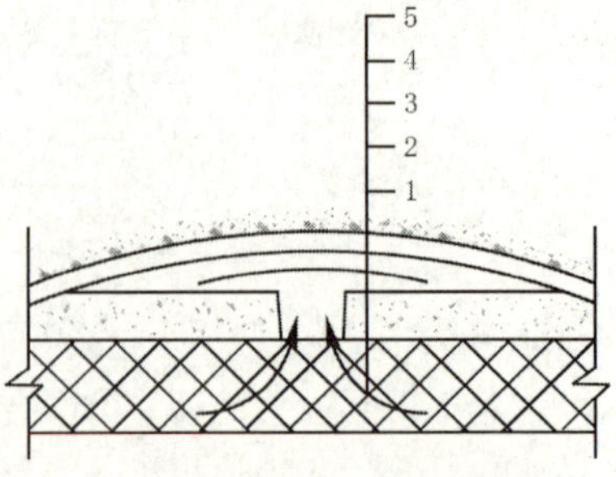

1—结构基层；2—找平层；3—防水层；4—保温层；5—保护层

图 4–1　倒置式屋面构造

一、屋面松散材料保温层施工质量控制要点

（1）材料的品质

1）粒径：用于松散材料保温层多为膨胀蛭石、膨胀珍珠岩、工业炉渣等。粒径超过允许的限值，会增大材料的热导系数。

松散材料的保温质量要求如表 4–1 所示。

2）含水率：材料的含水率增加 1%，其导热系数相应增加 5%。

表 4–1　松散保温材料质量要求

项目	膨胀蛭石	膨胀珍珠岩	工业炉渣
粒径 / mm	3 ~ 15	> 0.15（小于 0.15 的含量不大于 8%）	5 ~ 40，不得含有石块、土块、重矿渣和未燃烬的煤渣
堆积密度 / (kg/m^3)	≤300	≤120	500 ~ 800
导热系数 / [W / (m·K)]	≤0.14	≤0.07	0.16 ~ 0.25

（2）控制保温层厚度均匀。

（3）控制保温层密度。

压实的程度与厚度要经过试验确定。压得过实，表观密度大，增大导热系数，压实不密，抗压强度小于 0.3 MPa。容易影响下道工序（保护层）的质量，造成屋面渗漏，降低了屋面保温效果。

（4）施工工艺

1）工艺流程：

清理基层 → 弹线找坡 → 铺设保温层 → 抹找平层

2）施工方法：

① 清理基层。将基层表面的尘土、杂物等清理干净，且表面干燥。

② 弹线找坡。按设计坡度及流水方向，找出屋面坡度，确定保温层的厚度。

③ 铺设保温层。保温层应分层铺设，适当压实。每层铺设的厚度不宜大于 150 mm。压实后不得直接在保温层上推车或堆放重物。

松散保温层应干燥，含水率不得超过设计规定，否则应采取干燥或排气措施。

遇下雨或 5 级以上的风时不得铺设松散保温层。

3）细部处理：排气管和构筑物穿过保温层的管壁周边和构筑物的四周，应预留排气口；女儿墙根部与保温层之间应设温度缝，缝宽以 15 ~ 20 mm 为宜，并应贯通到结构基层；保温层的分格缝应符合设计要求和施工规范的规定。

4）季节性施工：

① 冬期施工应编制屋面工程冬期施工方案。

② 屋面保温层严禁在雨天、雪天和 5 级风以上时施工。

二、屋面板状材料保温层施工质量控制要点

（1）材料的品质

板块保温材料，是指用松散保温材料或化学合成聚酯与合成橡胶类材料加工制成。影响板块的保温效果，有表现密度、导热系数、抗压强度等。

板状保温材料质量要求（见表 4–2）。

（2）施工工艺

1）工艺流程：

清理基层 → 铺设保温层 → 抹找平层

表 4-2　板状保温材料质量要求

项 目	聚苯乙烯泡沫塑料类		硬质聚氨酯泡沫塑料	泡沫玻璃	微孔混凝土类	膨胀蛭石(珍珠岩)制品
	挤压	模压				
表观密度 / (kg/m^3)	≥32	15 ~ 30	≥30	≥150	500 ~ 700	300 ~ 800
导热系数 / [W / (m·K)]	≤0.03	≤0.041	≤0.027	≤0.062	≤0.22	≤0.26
抗压强度 / MPa	—	—	—	≥0.4	≥0.4	≥0.3
在 10%形变下的压应力 / MPa	≥0.15	≥0.06	≥0.15	—	—	—
70℃,48 h 后尺寸变化率 / %	≤2.0	≤5.0	≤5.0	≤0.5	—	—
吸水率 / (体积分数,%)	≤1.5	≤6	≤3	≤0.5	—	—
外观质量	板的外形基本平整,无严重凹凸不平;厚度允许偏差为 5%,且不大于 4 mm					

2）施工方法：

① 清理基层。应将预制或现浇混凝土基层表面的尘土、杂物等清理干净，使其平整、干燥。

② 铺设保温层

干铺板状保温层:直接铺平在结构层或隔气层上。分层铺设时,上、下两层板块接缝应相互错开,板间的缝隙应用同类材料的碎屑嵌填密实。

● 黏贴的板状材料保温层时,应砌平、铺平,分层铺设的接缝要错开。胶黏剂应视保温材料的性能选用。板缝间或缺棱掉角处应用碎屑加胶结材料拌匀填补密实。

用沥青胶结材料黏贴时,板状材料相互之间和基层之间,均应满涂(或满蘸)热沥青胶结材料,粘贴牢固。

● 用砂浆铺贴板状保温材料时,一般可用 1 : 2(体积比)水泥砂浆黏贴,板间缝隙应用水泥或保温砂填实并勾缝。

三、屋面整体保温层工程施工质量控制要点

(1) 工艺流程

清理基层 → 拌和 → 铺设保温层 → 抹找平层

(2) 施工方法

1) 清理基层。

2) 拌和:沥青膨胀珍珠岩配合比为(重量比)1 : 0.7 ~ 0.8。拌和时,先将膨胀珍珠岩散料倒在锅内加热并不断翻动,预热温度宜为 100 ~ 120℃。然后倒入已熬好的沥青中拌和均匀。沥青在熬制过程中，要注意加热温度不应高于 240℃，使用温度不宜低于 190℃。

沥青与膨胀珍珠岩宜用机械进行拌和,拌和以色泽均匀一致、无沥青团为宜。

3）铺设保温层：铺设保温层时，应采取“分仓”施工，每仓宽度为 700 ~ 900 mm。

保温层的虚铺厚度和压实厚度应根据试验确定，一般虚铺厚度为设计厚度的130%，铺后拍实抹平至设计厚度。压实程度应一致，且表面平整。

四、喷涂聚氨酯硬泡体保温层施工工艺

（1）工艺流程

清理基层 → 铺设保温层 → 施工保护层

（2）施工方法

1）清理基层。

2）铺设保温层：根据保温层设计厚度，聚氨酯硬泡体保温层可采用专用聚氨酯硬泡体喷涂设备进行现场连续喷涂施工。施工时，气温应在 15 ~ 35℃，风速不超过 5 m / s，相对湿度应小于 85%，以免影响聚氨酯硬泡体的质量。根据保温层的厚度，一个施工作业面可分遍喷涂，当日的施工作业面必须当日施工完毕。

聚氨酯硬泡体保温材料，两组液体原料（多元醇和异氰酸酯）与发泡剂必须按设计配比计量。

喷涂时，喷枪运行应均匀，使发泡后的表面平整。现喷硬质聚氨酯泡沫塑料保温层施工技术关键：

① 严格计量。要根据设计图纸中对表现密度、压缩强度、导热系数的要求，在施工前做好配合比试验。

② 严格控制保温层厚度，应随喷随检查，发现厚度不足时，应及时补喷。

3）聚氨酯硬泡体整体保温层的细部处理。屋面与山墙、女儿墙交界处的聚氨酯硬泡体保温层应直接连续地喷涂至泛水高度，最低泛水高度不应小于 250 mm，如图 4–2 所示。

在天沟、檐沟的连接处聚氨酯硬泡体保温层应连续喷涂，如图 4–3 所示。

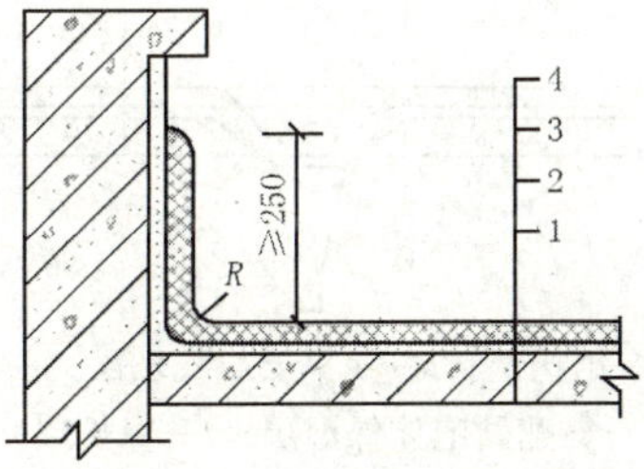

1—结构层；2—找平层或找坡层；
3—聚氨酯硬泡体保温层；4—保护层

图 4–2　山墙、女儿墙的泛水收头

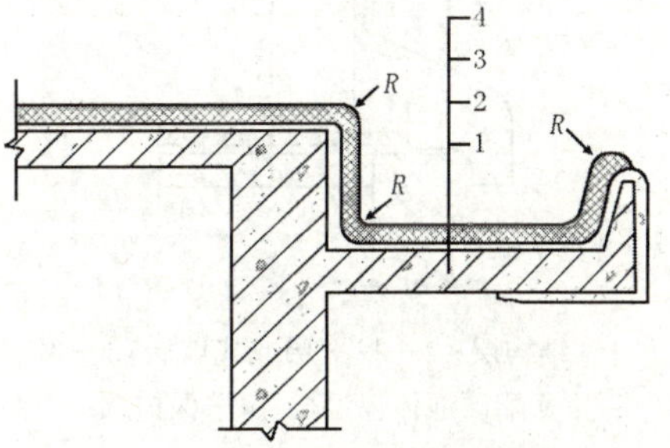

1—结构层；2—找平层或找坡层；3—聚氨酯硬泡体保温层；4—保护层

图 4–3　檐沟保温层构造

在无组织排水檐口，聚氨酯硬泡体保温层应连续喷到檐口端部，喷涂厚度应均匀地减薄至不少于 15 mm 为止，如图 4–4 所示。

伸出层面的管道或通气管根部，应根据泛水高度连续地直接喷涂，如图 4–5 所示。

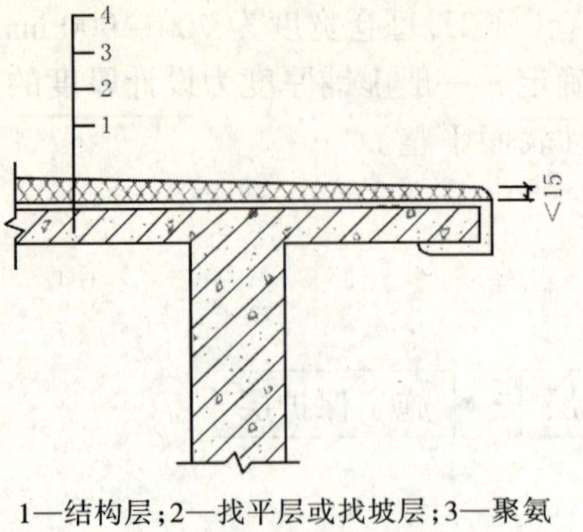

1—结构层；2—找平层或找坡层；3—聚氨酯硬泡体保温层；4—保护层

图 4-4　无组织排水檐口保温层收头

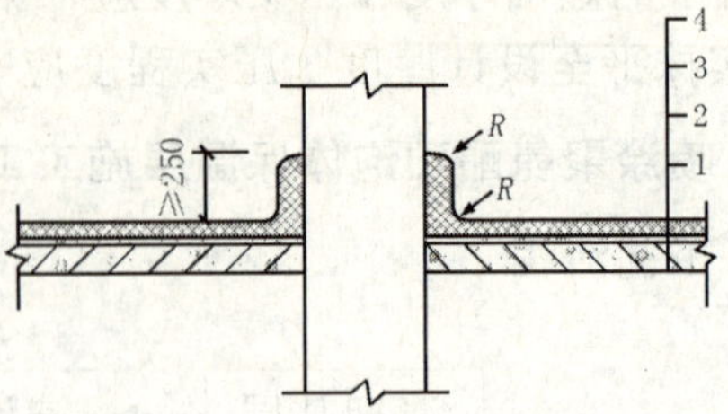

1—结构层；2—找平层或找坡层；3—聚氨酯硬泡体保温层；4—保护层

图 4-5　伸出屋面的管道或通气管根部喷涂

在屋顶垂直出入口处，聚氨酯硬泡体保温层收头应连续喷涂至帽口，如图 4-6 所示。

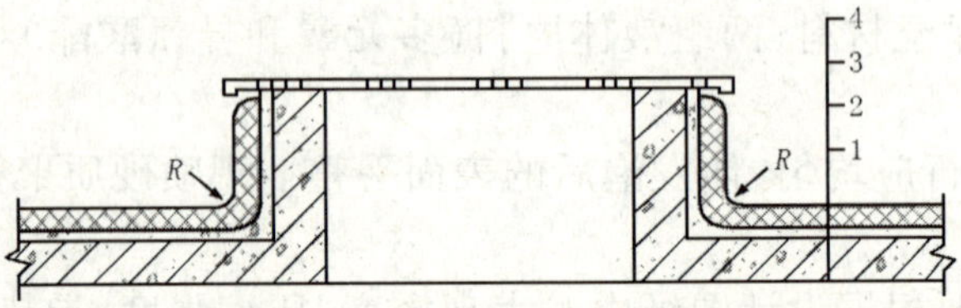

1—结构层；2—找平层或找坡层；3—聚氨酯硬泡体保温层；4—保护层

图 4-6　垂直出入口防水保温层的构造

在山墙或女儿墙的横式水落口处，应根据泛水高度要求，将聚氨酯硬泡体保温层连续地直接喷涂至水落口内，如图 4-7、图 4-8 所示。

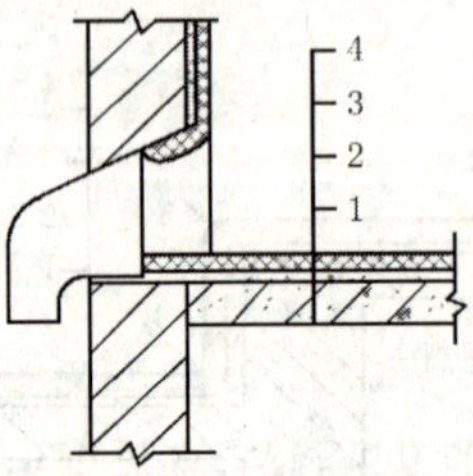

1—结构层；2—找平层或找坡层；3—聚氨酯硬泡体保温层；4—保护层

图 4-7　横式水落口构造

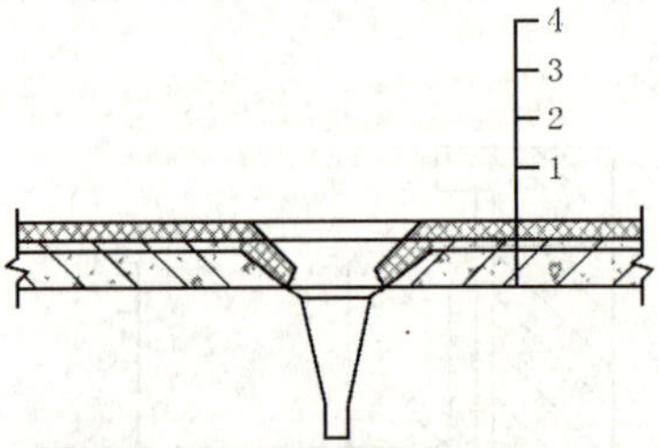

1—结构层；2—找平层或找坡层；3—聚氨酯硬泡体保温层；4—保护层

图 4-8　直式水落口构造

① 水平变形缝保温层做法。在伸缩缝内填充塑料棒，并用密封膏密封，然后连续地直接喷涂至帽口，如图 4-9 所示。

② 屋面与山墙间变形缝处保温层做法。聚氨酯硬泡体保温层应连续地直接喷涂至泛水高度，然后在变形缝内填充塑料棒并用密封膏密封，再在山墙上用螺钉固定能自由伸缩的钢板，如图 4-10 所示。

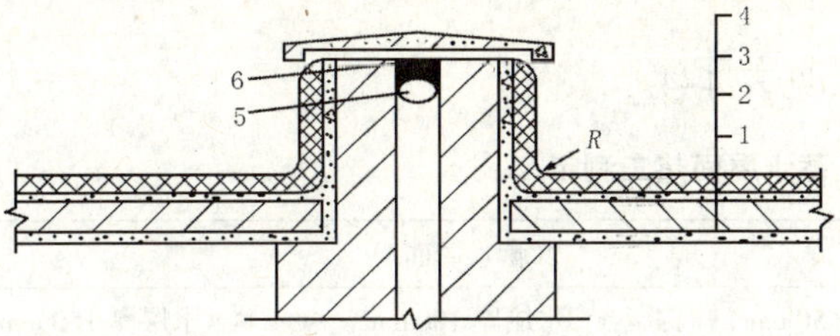

1—结构层；
2—找平层或找坡层；
3—聚氨酯硬泡体保温层；
4—保护层

图 4-9　水平伸缩缝构造

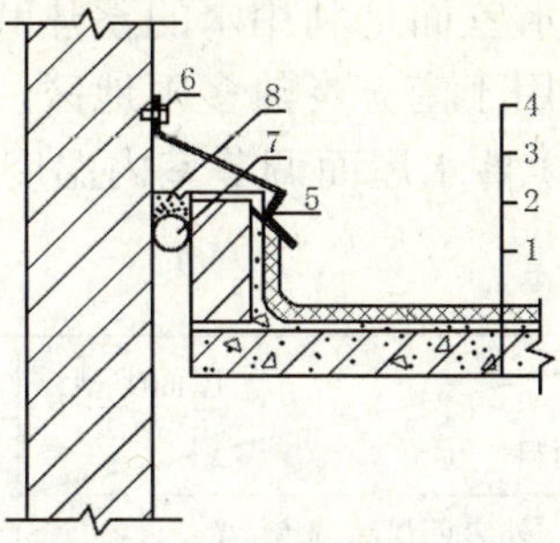

1—结构层；2—找平层或找坡层；3—聚氨酯硬泡体温层；4—保护层；5—金属盖板；6—螺钉；7—塑料棒；8—密封膏

图 4-10　屋面与山墙间变形缝的构造

五、小结

以上列举的屋面节能工程做法，均属于外保温屋面系统。主要特点是：屋顶楼板受到保温层的保护，不致使楼板受到过大的温度应力，使整个屋顶的热工性能得到改善，避免屋顶构造层内部产生冷凝或结冻。保温材料、施工工艺，总的要求系统的密封性，热阻大。

《屋面工程质量验收规范》(GB 50207—2002)中把架空屋面、蓄水屋面、种植屋面归类为隔热屋面工程。

(1) 架空层屋面利用自然通风降温，屋顶间的通风带走了太阳的辐射热。阁楼屋面也是同样原理，如图 4-11 所示。

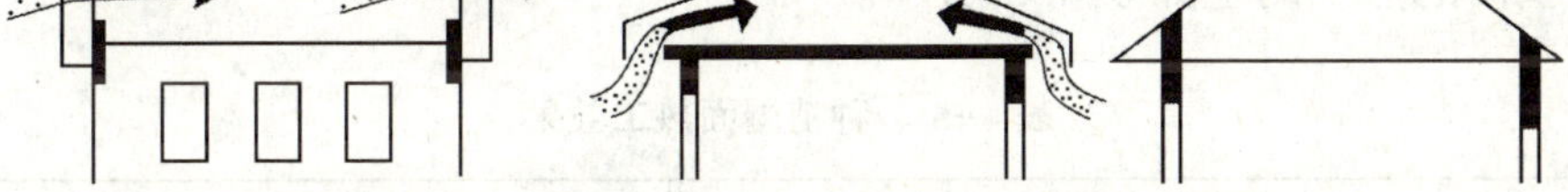

图 4-11　阁楼屋面

架空屋面适用于夏热冬冷和夏热冬暖地区住宅屋顶的隔热。

(2) 架空屋面与实砌屋面隔热效果比较如表 4-3 所示。

表 4-3　架空屋面和实砌屋面隔热效果比较

	架空屋面	实砌屋面	差 值
内表面平均温度 / ℃	29.9	34.9	5
内表面最高温度 / ℃	31.1	39.4	8.3
室温平均值 / ℃	29.7	31.3	1.6
室温最高值 / ℃	30.2	32.7	2.5

蓄水屋面是利用水的蓄热和蒸发，消耗太阳照射到屋面辐射热量，达到隔热的目的。适用于南方炎热多雨地区。

（3）蓄水屋面调节室内温度的作用，见表 4–4。

表 4–4　蓄水屋面热工测定

屋面类型 测试项目	蓄水屋面		
	水层厚 50 mm	水层厚 100 mm	水层厚 150 mm
外表面最高温度 / ℃	35.3	34.0	33.3
外表面温度波幅 / ℃	11.8	10.1	9.0
内表最高温度 / ℃	28.6	27.6	27.0
内表面温度波幅 / ℃	4.0	3.0	2.2
内表面最低温度 / ℃	19.7	20.4	21.4
内外表面最大温差 / ℃	6.7	6.4	6.5
室外最高温度 / ℃	34.5	34.5	34.5
室外温度波幅 / ℃	6.4	6.4	6.4
内表面热流最高值 / [kcal / (m^2·h)]	+16.1	+11.5	+7.2
内表面热流最低值 / [kcal / (m^2·h)]	–26.8	–15.0	–13.5
内表面热流平均值 / [kcal / (m^2·h)]	–9.0	–3.8	–3.8

注：1 kcal / (m^2·h)=1.163 W/ m^2。

（4）种植屋面隔热原理：植被茎叶的遮阳作用，可以有效地降低屋面的室外综合温度，减少屋面的温差传热量；植物的光合作用消耗太阳能用于自身的蒸腾；植被基层的土壤或水体的蒸发消耗太阳能。如果植被种类属于灌木科则还可以利用固化 CO_2 释放氧气，净化空气，能够发挥良好的生态功效。

种植屋面的热工测定如表 4–5 所示。

表 4–5　种植屋面热工效果

	种植屋面	无种植屋面	差　值
外表面最高温度 / ℃	29	61.6	32.6
外表面温度波幅 / ℃	1.6	24	22.4
内表面最高温度 / ℃	30.2	32.2	2
内表面温度波幅 / ℃	1.2	1.3	0.1
内表面最大热流 / (W / m^2)	2.2	15.3	13.1
内表面平均热流 / (W / m^2)	–5.27	9.1	14.37
室外最高温度 / ℃	36.4	36.4	
室外平均温度 / ℃	29.1	29.1	
最大太阳辐射照度 / (W/ m^2)	862	862	
平均太阳辐射照度 / (W / m^2)	215.2	215.2	

第二节　屋面节能工程施工质量验收

屋面节能工程施工质量验收,共分为三个部分,即一般规定、主控项目、一般项目。

一、一般规定

一般规定是对屋面施工质量(保温节能)带共性的问题,提出了具体规定的要求。

(1)适用范围

适用于建筑屋面节能工程,包括采用松散保温材料、现浇保温材料、喷涂保温材料、板材、块材等保温隔热材料的屋面节能工程的质量验收。

屋面的结构形式有平屋面、坡屋面、倒置式屋面、架空屋面、种植屋面、蓄水屋面、阁楼屋面、采光屋面等。

松散保温隔热材料是指用炉渣、膨胀蛭石、膨胀珍珠岩、矿物棉、锯末等干铺而成,松散材料含水率大,保温效果低,目前已很少用于屋面保温。

板块保温隔热材料是用松散保温材料或化学合成聚酯与合成橡胶类材料加工制成。如泡沫混凝土板、蛭石板、矿物棉板、软木板及有机纤维板(木丝板、刨花板、甘蔗板)、绝热用模压聚苯乙烯泡沫塑料板(EPS)板、加气混凝土块、挤压聚苯乙烯泡沫塑料板(XPS 板)、硬质聚氨酯泡沫塑料,其中挤压聚苯乙烯泡沫塑料板(XPS 板)是目前最为理想屋面保温隔热材料,其特点是抗压强度高,吸水率低,导热系数小,施工方便,已被广泛用于各类屋面保温隔热工程中。

现浇保温材料主要是近几年发展起来的,如聚氨酯现场发泡喷涂,泡沫混凝土等。

(2)隐蔽工程验收

屋面保温隔热工程的施工,应在基层质量验收合格后进行。施工过程中应及时进行质量检查、隐蔽工程验收和检验批验收,施工完成后应进行屋面节能分项目工程验收。

屋面保温隔热工程施工对基层条件提出了明确的要求,基层的质量对保温隔热的质量有直接影响,特别是倒置式屋面,防水层在保温层下面,在进行保温层施工前,必须确保防水层达到合格质量检验标准。

在进行保温层施工过程中,应对每道工序每个施工环节,特别是关键工序的质量控制点应进行认真严格的检查,在进行隐蔽之前,应按检验批进行隐蔽验收,如目前常用 XPS 板(包括 EPS 板)在铺设完毕进行下道工序前,应对其铺设的质量进行检查如铺设是否平整、板缝的间隙是否符合要求,是否进行了填充、保温材料种类以及厚度是否符合要求等进行检查验收。整个屋面保温工程完成后应按分项工程进行验收。

屋面保温隔热工程应对下列部位进行隐蔽工程验收,并应有详细的文字记录和必要的图像资料:

- 基层;
- 保温层的敷设方式、厚度,板材缝隙填充质量;
- 屋面热桥部位;
- 隔气层。

影响节能保温效果的隐蔽验收主要包括:

① 基层；

② 保温层的敷设方式、厚度及板材缝隙填充质量；

③ 屋面热桥部位；

④ 隔气层。

对于常规保温屋面是指结构层上部的找平层或找坡层，在进行保温层施工前，基层要平整，坡度要正确，表面要干燥，对于采用 XPS 等板材类保温材料保温时基层的平整度非常重要。对于倒置式保温隔热屋面基层是指防水层，防水层的坡度对倒置式保温隔热屋面的保温隔热效果影响也很大。无论采用哪种材料做倒置屋面的保护层都会有雨水透过保温层，如果保温层下面的排水坡度不正确，积水渗漏透过保温层的雨水将无法排出，这将影响其保温效果，在北方寒冷和严寒地区，冬季的雪水或秋季积存的雨水有可能在保温层和防水层之间形成结冰层。

在北方严寒和寒冷地区，当室内空气湿度大于 75%时，为了防止保温隔热材料通过室内潮湿空气受潮，在保温层结构层之间增加了隔气层。隔气层的施工质量对于上部保温层的保温效果非常重要，如果隔气层所使用材料达不到设计要求，施工过程中材料接缝密封不严，湿气将进入保温层，不仅影响保温效果，而且可能造成保温层因结冻或湿气膨胀而破坏。

屋面热桥部位如女儿墙、檐沟，这些部位在以往的施工过程中只注重其防水，在整个建筑围护结构未进行节能保温时，由于墙体中圈梁、构造柱、楼板等部位的热桥比屋面大得多，即使室内冬季有结露，也主要表现在墙体的热桥部位。但当墙体采用外墙外保温后，这些热桥部位也就不存在了，但对屋面热桥的影响就显现出来了，如果处理不当，将会在热桥部位产生结露，这不仅影响了节能保温效果，而且因结露发霉变黑，影响使用效果。

（3）控制保温隔热层的暴露时间

屋面保温隔热层施工完成后，应及时进行找平层和防水层的施工，避免保温层受潮、浸泡或受损。

正置式屋面，防水层在保温层上面。保温材料受潮后，其孔隙中存在水蒸气和水，水的导热系数（$\lambda = 0.5$）比静态空气的导热系（$\lambda = 0.02$）大 20 多倍，因此材料的导热系数也必然增大。若材料孔隙中的水分受冻结冰，冰的导热系数（$\lambda = 2.0$）相当于水的导热系数的 4 倍，则材料的导热系数更大。黑龙江省低温建筑科学研究所对加气混凝土导热系数与含水率的关系进行测试，其结果如表 4–6 所示。

表 4–6　加气混凝土导热系数与含水率的关系

含水率 ω / %	导热系数 λ / [W / (m·K)]	含水率 ω / %	导热系数 λ / [W / (m·K)]
0	0.13	15	0.21
5	0.16	20	0.24
10	0.19		

上述情况说明，当材料的含水率增加 1%时，其导热系数则相应增大 5%左右；而当材料的含水率从干燥状态增加到 20%时，其导热系数则几乎增大一倍。还需特别指出的

是：材料在干燥状态下，其导热系数是随着温度的降低而减少；而材料在潮湿状态下，当温度降到0℃以下，其中的水分冷却成冰时，则材料的导热系数必然增大。

含水率对导热系数的影响颇大，特别是负温度下更能使导热系数增大，为保证建筑物的围护结构的保温效果，在保温隔热层施工完成后，应尽快进行防水层施工，在施工过程中应防止保温层受潮。

二、主控项目

主控项目一共有8条，是施工质量验收的核心。具体提出质量要求，验收检查方法和验收数量。

（1）用于屋面节能工程的保温隔热材料，其品种、规格应符合设计要求和相关标准的规定。

检验方法：观察、尺量检查，核查质量证明文件。

检查数量：按进场批次，每批随机抽取3个试样进行检查；质量文件应按照其出厂检验批进行核查。

保温材料进场一定要认真检查保温材料的品种、规格，首先目测其外观、形状、颜色，称取一定体积的重量计算其密度，然后对照其产品使用说明书和设计文件要求进行核对。材料进场时一定要检查产品出厂合格证、使用说明、产品质量检验报告以及型式试验报告，对于新材料、新产品还要核对其产品的技术鉴定报告，推广应用证明，以及经技术监督部门或建设行政主管部门备案的产品技术标准。

用于屋面的保温隔热的材料很多，保温材料一般具有轻质、疏松、多孔的特性。

除泡沫塑料用于屋面保温隔热外，其他保温隔热材料中的品种、性能和适用范围如表4–7所示。

表4–7　保温隔热材料的品种、性能及适用范围

材料名称	主要性能及特点	适用范围
浮石	浮石为一种天然资源，在我国分布较广，蕴藏量较大，内蒙古、山西、黑龙江均是浮石产地 浮石堆积密度500～800 kg/m³，孔隙率为45%～56%，浮石混凝土的导热系数为0.116～0.21 W/(m·K)	屋面保温层
泡沫玻璃	泡沫玻璃是采用石英矿粉或废玻璃经锻烧形成独立闭孔的发泡体 表观密度≥150 kg/m³，抗压强度≥0.4 MPa，导热系数≤0.062 W/(m·K)，吸水率<0.5%，尺寸变化率在70℃经48 h后≤0.5%，具有重量轻、抗压强度高、耐腐蚀、吸水率低、不变形，导热系数、膨胀系数小、不燃烧、不霉变等特点	屋面保温隔热层
微孔硅酸钙	微孔硅酸钙是以二氧化硅粉状材料、石灰、纤维增强材料和水经搅拌、凝胶化成型、蒸压养护、干燥等工序制作而成 它具有重量轻、导热系数小、耐水性好、防火性能强等特点	屋面的防火覆盖层

续 表

材料名称	主要性能及特点	适用范围
泡沫混凝土	泡沫混凝土是水泥加入泡沫剂和水，经搅拌、成形、养护而成；另一种是用粉煤灰加入适量石灰、石膏及泡沫塑剂和水拌制而成，又称为硅酸盐泡沫混凝土。这两种混凝土具有多孔、轻质、保温、隔热、吸声等性能。其表观密度为 350 ~ 450 kg / m³，抗压强度 0.3 ~ 0.5 MPa，导热系数在 0.088 ~ 0.116 W / (m·K)之间	屋面保温隔热层

检查与验收：采用目测、手摸、尺量的检查方法，检查材料性能检测报告。

检查数量：按进场批次，每批随机抽取 3 个试样。

检查内容：检查产品出厂合格证、质量检测报告等质量证明文件与实物是否一致，核查有关质量文件是否在有效期之内。质量检测报告应包括材料的密度、导热系数、抗压(压缩)强度等。对有节能认证要求的地区，还要核查是否取得当地的节能产品认定证书或新产品推广应用证明。

(2) 屋面节能工程使用的保温隔热材料，其导热系数、密度、抗压强度或压缩强度、燃烧性能应符合设计要求。

检验方法：核查质量证明文件及进场复验报告。

检查数量：全数检查。

在屋面保温工程中，保温材料的性能对于屋面保温隔热的效果起到决定性的作用。保温隔热材料的导热系数、密度或干密度指标直接影响到屋面保温隔热效果，抗压强度或压缩强度影响到保温层的施工质量，燃烧性能是防止火灾隐患的重要条件。因此应对保温隔热材料的导热系数、密度或干密度、抗压强度或压缩强度及燃烧性能进行严格的控制，必须符合节能设计要求、产品标准以及相关施工技术规程要求。

屋面常用板块状保温材料性能如表 4–8 所示。

表 4–8　屋面常用板状保温材料性能

序号	材料名称	表观密度 / (kg / m³)	导热系数 / [W / (m·K)]	强度 / MPa	吸水率 / %	使用温度 / ℃
1	模压聚苯乙烯泡沫板	15~30	0.041	10%压缩后 0.06~0.15	2~6	–80 ~ 75
2	挤压聚苯乙烯泡沫板	≥32	0.03	10%压缩后 0.15	≤1.5	–80 ~ 75
3	硬质聚氨酯泡沫塑料	≥30	0.027	10%压缩后 0.15	≤3	–200 ~ 130
4	泡沫玻璃	≥150	0.062	≥0.4	≤0.5	–210 ~ 500
5	松散膨胀珍珠岩	40 ~ 250	0.03 ~ 0.04		250	200 ~ 800
6	水泥珍珠岩 1∶8	510	0.073	0.5	120 ~ 220	
7	水泥珍珠岩 1∶10	390	0.069	0.4	120 ~ 220	
8	水泥珍珠岩制品	300	0.08 ~ 0.12	0.3 ~ 0.8	120 ~ 220	650
9	水泥珍珠岩制品	500	0.063	0.3 ~ 0.8	120 ~ 220	650
10	憎水珍珠岩制品	200 ~ 250	0.056 ~ 0.08	0.5 ~ 0.7	憎水	–20 ~ 650

续 表

序号	材料名称	表观密度 / (kg / m³)	导热系数 / [W / (m·K)]	强度 / MPa	吸水率 / %	使用温度 / ℃
11	沥青珍珠岩	500	0.1 ~ 0.2	0.6 ~ 0.8		
12	松散膨胀蛭石	80 ~ 200	0.04 ~ 0.07		200	1 000
13	水泥蛭石	400 ~ 600	0.08 ~ 0.12	0.3 ~ 0.6	120 ~ 220	650
14	微孔硅酸钙	250	0.06 ~ 0.068	0.5	87	650
15	矿棉保温板	130	0.035 ~ 0.047			600
16	加气混凝土	400 ~ 800	0.14 ~ 0.18	3	35 ~ 40	200
17	水泥聚苯板	240 ~ 350	0.04 ~ 0.1	0.3	30	
18	水泥泡沫混凝土	350 ~ 400	0.1 ~ 0.16			

注:15~18 项系独立闭孔、低吸水率材料。

屋面常用松散保温材料的质量要求如表 4-9 所示。

现场喷涂硬泡聚氨酯的物理性能如表 4-10 所示。

泡沫混凝土技术性能指标如表 4-11 所示。

表 4-9　松散保温材料的质量要求

项目	膨胀蛭石	膨胀珍珠岩
粒径	3 ~ 15 mm	< 0.15 mm 的含水量不大于 8%
堆积密度 / (kg / m³)	≤300	≤120
导热系数 / [W / (m·K)]	≤0.14	≤0.07

表 4-10　现场喷涂硬泡聚氨酯的物理性能

项目	性能要求			试验方法
	Ⅰ型	Ⅱ型	Ⅲ型	
密度 / (kg / m³)	≥35	≥45	≥55	GB / T 6343—1995
导热系数 / [W/ (m·K)]	≤0.024	≤0.024	≤0.024	GB 3399—1982
压缩性能,屈服点时或形变 10%时的压缩应力 / kPa	≥150	≥200	≥300	GB 8813—1988
不透水性(无结)0.2 MPa, 30 min	—	不透水	不透水	
尺寸稳定性(70℃, 48 h) / %	≤1.5	≤1.5	≤1.0	GB 8811—1988
闭孔率 / %	≥92	≥92	≥95	GB 10799—1989
吸水率 / %	≤3	≤2	1	GB 8810—1988

表 4-11　泡沫混凝土技术性能指标

材料名称	表观密度 / (kg / m³)	导热系数 / [W / (m·K)]	强度 / MPa	吸水率 / %	干燥收缩值 / (mm / m)
泡沫混凝土	100 ~ 300	0.16 ~ 0.18	0.5 ~ 2.5	5 ~ 10	0.6 ~ 0.8

检查与验收:对照标准和设计要求核查产品质量证明文件,核查材料进场质检报告。

检查内容:全数核查进场复检报告和各批次质量证明文件。

检查保温隔热材料的导热系数(热阻)、密度、抗压强度或压缩强度、燃烧性能是否符合设计要求和相关产品标准要求。

(3) 屋面节能工程使用的保温隔热材料,进场时应对其导热系数、密度、抗压强度或压缩强度、燃烧性能进行复验,复验应为见证取样送检。

检验方法:随机抽样送检,核查复验报告。

检验数量:同一厂家、同一品种的产品各抽查不少于3组。

本条与(2)内容基本相同,但强调的重点不同,(2)是选用材料的技术参数,本条是"进场"的复验。为了保证用于屋面保温隔热材料的质量,避免不合格材料用于屋面保温隔热工程,对进场的屋面保温隔热材料,复验导热系数、密度、抗压强度或压缩强度、燃烧性能,复验结果作为屋面保温隔热工程质量验收的一个依据。

用于屋面节能工程的保温隔热材料,应按照相应标准要求的试验方法进行试验,测定其是否满足标准要求。

检验与验收:采取现场随机取样送检。同一厂家、同一品种的产品抽查不少于3次。

(4) 屋面保温隔热屋的敷设方式、厚度、缝隙填充质量及屋面热桥部位的保温隔热做法,必须符合设计要求和有关标准的规定。

检验方法:观察、尺量检查。

检查数量:每100 m^2抽查一处,每处10 m^2,整个屋面抽查不得少于3处。

影响屋面的保温隔热效果的主要因素除了保温隔热材料的品质外,另一重要因素是保温隔热材料的厚度、敷设方式以及热桥部位的处理等。在一般情况下,只要保温隔热材料的热工性能(导热系数、密度或干密度)和厚度、敷设方式均达到设计标准和工艺要求,其保温隔热效果基本上能达到设计要求。

检查与验收:可采用钢针插入后用尺测量保温隔热层的厚度,也可采用将保温层切开用尺直接测定。敷设方式、缝隙填充质量采用目测观察检查。

检查内容:检查保温隔热层的厚度是否符合设计要求,屋面的热桥部位是否进行了处理;保温隔热层的敷设方式、缝隙填充质量是否符合工艺要求。

(5) 屋面的通风隔热架空层,其架空高度、安装方式、通风口位置及尺寸应符合设计及有关标准要求。架空层内不得有杂物,架空面层应平整,不得有断裂或露筋等缺陷。

检验方法:观察、尺量检查。

检查数量:每100 m^2抽查一处,每处10 m^2,整个屋面抽查不得少于3处。

架空通风屋顶被夏热冬冷地区采用,尤其是在炎热多雨的夏季,这种屋面构造形式显示出它的优越性。在屋顶设置通风间层,利用通风间层的外层遮挡阳光,避免太阳辐射直接作用在围护结构上;利用风压和热压的作用,尤其是自然通风,将遮阳板与空气接触的上下两个表面所吸收的太阳辐射转移到空气将之随风带走,风速越大,带走的热量越多,隔热效果也越好。减少室外热作用对室内的影响。

通风间层屋顶主要设计要求如下:

1) 架空的高度一般在180~300 mm,并要视屋面的宽度、坡度而定。如果屋面宽度超过10 m时,应设通风屋脊,以加强通风强度。

2）架空屋面的进风口应设在当地炎热季节最大频率风向的正压区，出风口设在负压区。

3）架空隔热板距女儿墙不少于 250 mm，以利于通风。

检验与验收：用目测和尺量通风隔热层的架空高度和通风口尺寸和安装表观质量。

数量每 100 m^2 抽查一处，每处 10 m^2，整个屋面抽查不得少于 3 处。

（6）采光屋面的传热系数、遮阳系数、可见光透射比、气密性应符合设计要求。节点的构造做法应符合设计和相关标准的要求。采光屋面的可开启部分应按《建筑节能工程施工质量验收规范》（GB 50411—2007）“门窗节能工程”要求验收。

检验方法：核查质量证明文件；观察检查。

检查数量：全数检查。

遮阳系数是指在给定条件下，太阳辐射透光窗玻璃所形成的室内的热量，与相同条件下标准窗玻璃（厚度为 3 mm 的无色普通玻璃）所形成的太阳辐射的热量之比。

上述参数是对采光屋面节能方面的基本要求。采用透明的屋面，其保温隔热效果与实体屋面相比相差较大，《公共建筑节能设计标准》（GB 50189—2005）要求屋面的传热系数为≤0.45 W /（m·K），而透明屋顶的传热系数为 2.7 W /（m·K）（是指寒冷地区），两者相差 6 倍。其传热系数、遮阳系数、可见光透射比、气密性是影响采光屋面节能效果的主要因素，因此必须达到设计要求。

检查与验收：主要采用复核供应商提供的产品出厂检验报告和型式试验报告；目测观察采光屋面的节点构造。

（7）采光屋面的安装应牢固，坡度正确，封闭严密，嵌缝处不得渗漏。

检验方法：观察、尺量检查；淋水检查；核查隐蔽工程验收记录。

检查数量：全数检查。

采光屋面的安装质量，主要保证安全和节能。安装牢固，封闭严密，不得渗漏等是最基本的要求。采用观察、尺量检查其安装牢固性能和坡度，通过淋水试验检查其严密性能，并检查其隐蔽验收记录。采光屋面主要用于公共建筑，所以要全数检查。

检验与验收：安装坡度、位置采用尺量检查。对于封闭性采用现场淋水试验检查。

（8）屋面的隔气层位置应符合设计要求，隔气层应完整、严密。

检验方法：对照设计观察检查；核查隐蔽工程验收记录。

检查数量：每 100 m^2 抽查一处，每处 10 m^2，整个屋面抽查不得少于 3 处。

《屋面工程技术规程》（GB 50345—2004）规定，在纬度 40° 以北地区且室内空气湿度大于 75%，或其他地区室内空气湿度常年大于 80%时，若采用吸湿性保温材料做保温层，应选用气密性、水密性好的防水卷材或防水涂料做隔气层。

隔气层应沿墙面向上铺设，并与屋面的防水层相连接，形成全封闭的整体。

我国纬度 40° 以北寒冷地区，室内空气湿度大于 75%时会发生结露，常年室内空气湿度大于 80%的建筑，也同样会出现类似现象。

为了防止室内水蒸气通过屋面板渗透到保温层内，隔气层的材料不仅要求防水，还要求隔绝蒸气的渗透，故规定隔气层应采用气密性、水密性好的材料。根据实践，隔气层被保温层、找平层等埋压，为了提高抵抗基层的变形能力，隔气层的卷材铺贴宜采用空铺法。

检查与验收：对照设计要求，现场核查所有隐蔽工程验收记录。检查隔气层的完整性和严密性。

三、一般项目

一般项目是对屋面保温隔热的做法提出了一些具体要求和规定。

（1）屋面保温隔热层应按施工方案施工，并应符合下列规定：

1）松散材料应分层敷设、按要求压实、表面平整、坡向正确。

2）现场采用喷、浇、抹等工艺施工的保温层，其配合比应计量准确，搅拌均匀、分层连续施工，表面平整，坡向正确。

3）板材应黏贴牢固、缝隙严密、平整。

检验方法：观察、尺量、称重检查。

检查数量：每 100 m^2 抽查一处，每处 10 m^2，整个屋面抽查不得少于 3 处。

（2）金属板保温夹芯屋面应铺装牢固、接口严密、表面洁净、坡向正确。

检验方法：观察、尺量检查；核查隐蔽工程验收记录。

检查数量：全数检查。

金属面保温夹芯板是将内外压型钢板与中间层阻燃性硬质聚酯泡沫或聚苯乙烯泡沫塑料保温板料通过自动成型机，用高强度胶黏剂将三者黏合，经加压、修边、开槽、落料而成的板材，具有自重轻、导热系数低、保温效果好、抗腐蚀能力强、安装施工方便等优点，除主要用于工业厂房屋顶外，近几年已开始用于一些公共建筑。

（3）坡屋面、内架空屋面当采用敷设于屋面内侧的保温材料做保温隔热层时，保温隔热层应有防潮措施，其表面应有保护层，保护层的做法应符合设计要求。

检验方法：观察检查；核查隐蔽工程验收记录。

检查数量：每 100 m^2 抽查一处，每处 10 m^2，整个屋面抽查不得少于 3 处。

当屋面的保温层敷设于屋面内侧时，如果保温层未进行密闭防潮处理，室内空气中湿气将渗入保温层，并在保温层与屋面基层之间结露，这不仅增大了保温导热系数，降低节能效果，而且由于受潮之后还容易发霉，最严重的可能会有水溢出，因此必须对保温材料采取有效防潮措施，使之与室内的空气隔绝。

四、屋面节能工程施工验收要点

（1）设计文件、质量验收资料、复验报告、隐蔽工程验收资料齐全。

（2）把好保温隔热材料进场验收、复检关；要核查保温材料的导热系数、抗压（或压缩）强度以及阻燃性能等有关资料，确定其完全符合设计要求。

（3）要加强施工过程隐蔽部位的验收，重点是保温层的厚度。

（4）做好天沟、檐沟、女儿墙以及凸出屋面结构部位等热桥部位的保温处理的验收。

（5）寒冷、严寒地区，当室内空气湿度较大时，做好防潮层的施工质量验收。

屋面检验批质量验收记录如表 4–12、表 4–13 所示。

表 4-12　屋面检验批质量验收记录表

编号：

工程名称		分项目工程名称		验收单位	
施工单位		专业工长		项目经理	
施工执行标准名称及编号					
分包单位		分包项目经理		施工班组长	

验收规范规定				施工单位检查评定记录		监理(建设)单位验收记录
主控项目	1	材料进场	质量文件	第 7.2.1 条		
			外观检验			
			主要性能指标	第 7.2.2 条		
			取样复检	第 7.2.3 条		
	2	保温层	保温层厚度	第 7.2.4 条		
			敷设方式及缝隙填充			
			热桥部位的处理			
	3	架隔热层	架空高度	第 7.2.5 条		
			通风口尺寸			
			安装方式			
			架空层浇筑			
	4	采光屋面	主要性能指标	第 7.2.6 条		
			安装牢固性能			
			坡度	第 7.2.7 条		
			封闭性能			
	5	隔气层	隔气层的位置	第 7.2.8 条		
			隔气层的完整性和严密性			

施工单位检验评定结果	项目专业质量检查员：　　　　年　月　日
监理(建设)单位验收结论	(建设单位项目专业技术负责人)：　　　　年　月　日

表 4-13　屋面检验批质量验收记录

编号：

<table>
<tr><td>工程名称</td><td colspan="2"></td><td colspan="2">分项目工程名称</td><td></td><td>验收单位</td><td></td></tr>
<tr><td>施工单位</td><td colspan="3"></td><td>专业工长</td><td></td><td>项目经理</td><td></td></tr>
<tr><td>施工执行准名称及编号</td><td colspan="7"></td></tr>
<tr><td>分包单位</td><td colspan="3"></td><td>分包项目经理</td><td></td><td>施工班组长</td><td></td></tr>
<tr><td colspan="4">验收规范规定</td><td colspan="2">施工单位检查评定记录</td><td colspan="2">监理（建设）单位验收记录</td></tr>
<tr><td rowspan="11">一般项目</td><td rowspan="6">1</td><td rowspan="6">保温层施工质量</td><td>分层敷设</td><td rowspan="6">第 7.3.1 条</td><td></td><td colspan="2" rowspan="11"></td></tr>
<tr><td>压实质量</td><td></td></tr>
<tr><td>表面平整度</td><td></td></tr>
<tr><td>坡向</td><td></td></tr>
<tr><td>配合比</td><td></td></tr>
<tr><td>板贴牢固性</td><td></td></tr>
<tr><td rowspan="3">2</td><td rowspan="3">金属层保温夹芯板施工质量</td><td>安装牢固性</td><td rowspan="3">第 7.3.2 条</td><td></td></tr>
<tr><td>接口处严密性</td><td></td></tr>
<tr><td>坡向</td><td></td></tr>
<tr><td rowspan="2">3</td><td rowspan="2">防潮层质量</td><td>防潮层的位置</td><td rowspan="2">第 7.3.3 条</td><td></td></tr>
<tr><td>保护层的做法</td><td></td></tr>
<tr><td colspan="2">施工单位检验评定结果</td><td colspan="6">项目专业质量检查员：　　　　年　月　日</td></tr>
<tr><td colspan="2">监理（建设）单位验收结论</td><td colspan="6">（建设单位项目专业技术负责人）：　　　　年　月　日</td></tr>
</table>

第五章　地面节能工程

在建筑围护结构中，地面的耗热量，低于外墙、外门窗、屋面占 3%～5%。加之《夏热冬冷地区居住建筑节能设计标准》（JGJ 134—2010）和《夏热冬暖地区居住建筑节能设计标准》（JGJ 75—2003）中对土壤接触的地面的传热系数没有作出规定，建筑体形系数的计算一般不含地面面积。故在以往的设计和施工中不够重视地面的保温隔热。

地面节能工程类似屋面节能工程，如保温材料的选用，构造做法、工艺和质量的要求和规定方面，有许多相同之处。

如目前国内外低温热水地面辐射供暖系统推荐的一种基本构造如图 5-1 和图 5-2 所示。

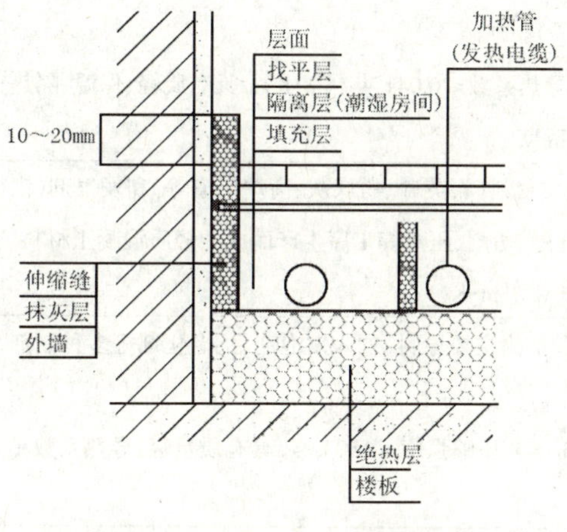

图 5-1　楼层地面构造示意图

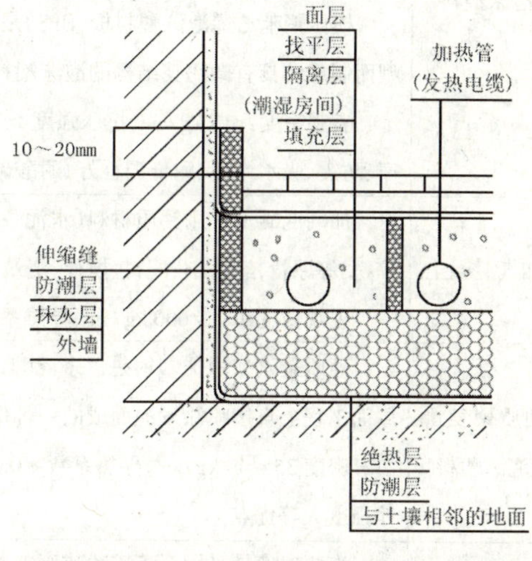

图 5-2　与土壤相邻的地面构造示意图

与土壤相邻的地面，必须设绝热层，且绝热层下都必须是防潮层。直接与室外空气接触的楼板，必须设绝热层。

第一节　地面节能工程施工质量控制要点

（1）基层质量

地面的保温隔热施工应该在基层质量验收合格后进行，基层质量的基本要求：平整、表面干燥。

（2）材料品质

严格控制材料的导热系数、密度、抗压强度和压缩强度、安全性。

地面常用保温材料品种性能如表 5–1 所示。

地面常用板块状保温材料性能如表 5–2 所示。

地面常用松散保温材料的质量要求如表 5–3 所示。

现场喷涂硬泡聚氨酯的物理性能应符合表 5–4 要求。

泡沫混凝土技术性能指标如表 5–5 所示。

面层热阻的大小，直接影响到地面的散热量。实测证明，在相同供热条件和地板构

表 5–1　保温隔热材料的品种性能

材料名称	主要性能及特点
泡沫塑料	挤压聚苯乙烯泡沫塑料板（XPS）是以聚苯乙烯树脂或其共聚物为主要成分，添加少量添加剂，通过加热挤塑成形而制成的具有闭孔结构的硬质泡沫塑料板材 表观密度≥35 kg / m³，抗压强度 0.15 ~ 0.25 MPa，导热系数≤0.035 W / （m·K）。具有密度大、压缩性高、导热系数小、吸水率低、水蒸气渗透系数小、很好的耐冻融性能和抗压缩蠕变性能等特点 模压聚苯乙烯泡沫塑料板（EPS）是用可发性聚苯乙烯珠粒经加热预发泡后，再放入模具中加热成型而制成的具有微闭孔结构的泡沫塑料 表观密度≥18 kg / m³，抗压强度≥0.1 MPa，导热系数≤0.041 W / （m·K）。具有质轻、保温、隔热、吸声、防震、吸水性小、耐低温性好、耐酸碱性好等特点
加气混凝土	加气混凝土是用钙质材料（水泥、石灰）、硅质材料（石英砂、粉煤灰、高炉矿渣等）和发气剂（铝粉、锌粉）等原料，经磨细、配料、搅拌、浇筑、发气、静停、切割、压蒸等工序生产而成的轻质混凝土材料 表观密度 400 ~ 600 kg / m³，导热系数≤0.03 W / （m·K）
硬质聚氨酯泡沫塑料	硬质聚氨酯泡沫塑料是以多元醇、多异氰酸酯为主要原料，加入发泡剂、抗老化剂等多种制剂，在屋面工程上直接喷涂发泡而成的一种保温材料 密度 35 ~ 40 kg / m³，导热系数 < 0.03 W/ （m·K），压缩强度 > 150 kPa。具有质量轻、导热系数小、压缩强度大等优点
泡沫玻璃	泡沫玻璃是采用石英矿粉或废玻璃经煅烧形成独立闭孔的发泡体 表观密度≥150 kg / m³，挤压强度≥0.4 MPa，导热系数≤0.062 W / （m·K），吸水率 < 0.5%，尺寸变化率在 70℃经 48 h 后≤0.5%。具有重量轻、挤压强度高、耐腐蚀、吸水率低、不变形，导热系数和膨胀系数小、不燃烧、不霉变等特点
微孔硅酸钙	微孔硅酸钙是以二氧化硅粉状材料、石灰等增强材料和水经搅拌、凝胶化成型、蒸压养护、干燥等工序制作而成 它具有容重轻、导热系数小、耐水性好、防水性能强等特点
泡沫混凝土	泡沫混凝土为一种人工制造的保温隔热材料。一种是水泥加入泡沫剂和水，经搅拌、成型、养护而成；另一种是用粉煤灰加入适量石灰、石膏及泡沫塑料剂和水拌制而成，又称为硅酸盐泡沫混凝土。这两种混凝土具有多孔、轻质、保温、隔热、吸声等性能。其表观密度 350 ~ 400 kg / m³，抗压强度 0.3 ~ 0.5 MPa，导热系数在 0.088 ~ 0.116 W / （m·K）之间

表 5-2　地面常用板块状保温材料性能

序号	材料名称	表观密度 / (kg / m³)	导热系数 / [W / (m·K)]	强度 / MPa	吸水率 / %	使用温度 / ℃
1	模压聚苯乙烯泡沫板	15 ~ 30	0.041	10%压缩后 0.06 ~ 0.15	2 ~ 6	-80 ~ 75
2	挤压聚苯乙烯泡沫板	≥32	0.03	10%压缩后 0.15	≤1.5	-80 ~ 75
3	硬质聚氨酯泡沫塑料	≥30	0.027	10%压缩后 0.15	≤3	-200 ~ 130
4	泡沫玻璃	≥150	0.062	≥0.4	≤0.5	-200 ~ 500
5	松散膨胀珍珠岩	40 ~ 250	0.03 ~ 0.04		250	-200 ~ 800
6	水泥珍珠岩 1 : 8	510	0.073	0.5	120 ~ 220	
7	水泥珍珠岩 1 : 10	390	0.069	0.4	120 ~ 220	
8	水泥珍珠岩制品	300	0.08 ~ 0.12	0.3 ~ 0.8	120 ~ 220	650
9	水泥珍珠岩制品	500	0.063	0.3 ~ 0.8	120 ~ 220	650
10	憎水珍珠岩制品	200 ~ 250	0.56 ~ 0.08	0.5 ~ 0.7	憎水	-20 ~ 650
11	沥青珍珠岩	500	0.1 ~ 0.2	0.6 ~ 0.8		
12	松散膨胀蛭石	80 ~ 200	0.01 ~ 0.07		200	1 000
13	水泥蛭石	400 ~ 600	0.08 ~ 0.12	0.3 ~ 0.6	120 ~ 220	650
14	微孔硅酸钙	250	0.06 ~ 0.068	0.5	87	650
15	矿棉保温板	130	0.035 ~ 0.047			600
16	加气混凝土	400 ~ 800	0.14 ~ 0.18	3	35 ~ 40	200
17	水泥聚苯板	240 ~ 350	0.04 ~ 0.1	0.3	30	
18	水泥泡沫混凝土	350 ~ 400	0.1 ~ 0.16			

注:15 ~ 18 项系独立闭孔、低吸水率材料。

表 5-3　松散保温材料的质量要求

项　目	膨胀蛭石	膨胀珍珠岩
粒径	3 ~ 15 mm	≥0.15 mm, < 0.15 mm 的含量不大于 8%
堆积密度 / (kg / m³)	≤300	≤120
导热系数 / [W / (m·K)]	≤0.14	≤0.07

表 5-4　现场喷涂硬泡聚氨酯的物理性能

项　目	性能要求			试验方法
	Ⅰ型	Ⅱ型	Ⅲ型	
密度 / (kg / m³)	≥35	≥45	≥55	GB / T 6343—1995
导热系数 / [W / (m·K)]	≤0.024	≤0.024	≤0.024	GB 3399—1982
压缩性能,屈服点时或形变 10%时的压缩应力 / kPa	≥150	≥200	≥300	GB 8813—1988
不透水性(无结)0.2 MPa, 30 min	—	不透水	不透水	
尺寸稳定性(70℃, 48 h) / %	≤1.5	≤1.5	≤1.0	GB 8811—1988
闭孔率 / %	≥92	≥92	≥95	GB 10799—1989
吸水率 / %	≤3	≤2	≤1	GB 8810—1988

表 5-5　泡沫混凝土技术性能指标

材料名称	表观密度 /（kg / m³）	导热系数 /［W /（m·K）］	强度 /MPa	吸水率 / %	干燥收缩值（mm / m）
泡沫混凝土	100 ~ 300	0.06 ~ 0.18	0.5 ~ 2.5	5 ~ 10	0.6 ~ 0.8

造的情况下，在同一个房间里，以热阻为 0.02（m^2·K）/ W 左右的花岗石、大理石、陶瓷砖等作面层的地面散热量，比以热阻为 0.10（m^2·K）/ W 左右的木地板时要高 30% ~ 60%；比 0.15（m^2·K）/ W 左右的地毯时要高 60% ~ 90%。由此可见，面层材料对地面散热量的巨大影响。为了节省能耗和运行费用，因此采用地面辐射供暖方式时，应尽量选用热阻小于 0.05（m^2·K）/ W 的材料作面层。

（3）隔离层、保温层、保护层设置和构造要符合设计要求。

（4）强化隐蔽工程自检。

第二节　地面节能工程施工质量验收

一、一般规定

一般规定主要是明确了地面节能工程验收的适用范围，做好重要部位（基层、保温材料的厚度、热桥部位）的验收等。

（1）适用范围

建筑室内地面节能工程是指包括采暖空调房间接触土壤的地面、采暖地下室与土壤接触的地面、采暖地下室与土壤接触的外墙、不采暖地下室上面的楼板、不采暖车库上面的楼板、接触室外空气或外挑楼板的地面。

从建筑节能角度理解，上述地面可分为 3 类：一是接触土壤地面，包括建筑底层无地下室或半地下室地坪直接接触土壤的地面、采暖地下室或半地下室与土壤直接接触的地面；二是采暖地下室与土壤接触的外墙；三是楼地面，包括不采暖地下室（半地下室）上面的楼板、不采暖车库上面的楼板、直接接触室外空气楼板的地面。

上述 3 类地面应严格按设计标准进行设计，施工企业按图施工，保证施工质量，这样才能符合建筑节能要求。

（2）隐蔽工程验收

地面节能工程的施工，应在主体或基层质量验收合格后进行。施工过程中应及时进行质量检查、隐蔽工程验收和检验批验收，施工完成后应进行地面节能分项工程验收。

地面保温隔热工程施工前，基层质量必须达到合格，基层的质量不仅影响地面工程质量，而且对保温隔热的质量也有直接的影响。保温层施工过程中，应对每道工序每个施工环节，特别是关键工序的质量控制点应进行认真严格的检查，在进行隐蔽之前，应按检验批进行隐蔽验收，如目前常用 XPS 板（也包括 EPS 板）在铺设完毕进行下道工序前，应对其铺设的是否平整、板缝的间隙是否符合要求，是否进行了填充、保温材料种类以及厚度是否符合要求等进行检查验收。整个地面保温工程完成后应按分项工程进行验收。其结果作为单位节能工程的一个分项。

地面节能工程应对下列部位进行隐蔽工程验收，并应有详细的文字记录和必要的图像资料：

① 基层；

② 被封闭的保温材料厚度；

③ 保温材料黏结；

④ 隔断热桥部位。

（3）检验批划分

地面节能分项工程检验批划分应符合下列规定：

1）检验批可按施工段或变形缝划分。

2）当面积超过 200 m² 时，每 200 m² 可划分为一个检验批，不足 200 m² 也为一个检验批。

3）不同构造做法的地面节能工程应单独划分检验批。

地面节能工程分项工程检验批划分，参照了《建筑地面工程施工质量验收规范》（GB 50209—2002）的有关规定，给出了地面节能工程检验划分的原则和方法，并对检验批抽查数量作出基本规定。

二、主控项目

为了保证地面节能工程达到设计要求，主控项目对保温材料进场见证取样复验，施工过程的质量要求和验收内容作出了明确规定。

（1）用于地面节能工程的保温材料，其品种、规格应符合设计要求和相关标准的规定。

检验方法：观察、尺量各称重检查；核查质量证明文件。

检查数量：按进场批次，每批随机抽取 3 个试样进行检查；质量证明文件应按照其出厂验批进行核查。

（2）地面节能工程使用的保温材料，其导热系数、密度、抗压强度或压缩强度、燃烧性能应符合设计要求。

检验方法：核查质量证明文件和复验报告。

检查数量：全数核查。

在地面保温工程中，保温材料的导热系数、密度或干密度指标直接影响到地面保温效果，抗压强度或压缩强度影响保温层的施工质量，燃烧性能是防止火灾隐患的重要条件，因此应对保温材料的导热系数、密度或干密度、抗压强度或压缩强度及燃烧性能进行严格的控制，必须符合节能设计要求、产品标准要求以及相关施工技术规程要求。应检查材料的合格证、有效期内的产品性能检测报告及进场验收记录所代表的规格、型号和性能参数是否与设计要求和有关标准相符，并重点检查进场复验报告，复验报告必须是第三方见证取样，检验样品必须是按批量随机抽取。

（3）地面节能工程采用的保温材料，进场时应对其导热系数、密度、抗压强度或压缩强度、燃烧性能进行复验，复验应为见证取样送检。

检验方法：随机抽样送检，核查复验报告。

检查数量：同一厂家、同一品种的产品各抽查不少于 3 组。

(4) 地面节能工程施工前，应对基层进行处理，使其达到设计和施工方案的要求。

检验方法：对照设计和施工方案观察检查。

检查数量：全数检查。

为了保证施工质量，在进行地面保温施工前，应将基层处理好，基层应平整，具有一定要求的强度，接触土壤地面应将垫层处理好。对于残留的基层不整可能导致保温层空鼓，存在一定的安全隐患。在建筑围护结构保温中，地面的保温层质量要求虽然没有外墙高，但也必须引起重视，影响地面保温质量的除了保温材料质量、施工过程质量、设计合理外，保温层所依附的基层质量对保温层稳定牢固，保证保温层的寿命及保温效果都有一定的影响。如果楼板的底面不清理干净，特别是现浇楼板采用隔离剂（或脱模剂）时，如果不清理掉隔离剂，就无法保证保温材料能有效可靠地黏贴在楼板上，当楼板发生振动后，将会脱落。这不仅影响了保温效果，有时对下面的人员也会造成伤害。而对于直接接触土壤的保温地面，保温层下面的防水层必须处理好，如果防水层处理不好，地下土壤的水分将会渗到保温层，这将大大影响保温材料的保温效果。

(5) 建筑地面保温层、隔离层、保护层等各层的设置和构造做法以及保温层的厚度应符合设计要求，并应按施工方案施工。

检验方法：对照设计和施工方案观察检查；尺量检查。

检查数量：全数检查。

影响地面保温效果的主要因素除了保温材料的性能和厚度以外，另一重要因素是保温材料的设置和构造做法以及热桥部位的处理等。在一般情况下，只要保温隔热材料的导热系数、密度、干密度、厚度、施工工艺均达到设计标准要求，其保温效果也基本上能达到设计要求。

保温层的铺设及缝隙填充质量应在施工过程中加以控制。对于松散保温材料施工铺设压实程度要先做试验，选择最佳密度。控制分层压实程度允许误差应在 5%～10%。

对于整体现浇保温层目前主要有沥青蛭石、沥青珍珠岩、现浇硬泡聚氨酯等整体现浇保温层，沥青蛭石和沥青珍珠岩要搅拌均匀一致，虚铺厚度和压实厚度均要先行试验。施工时表面要平整，压实程度要一致。硬泡聚氨酯现浇喷涂施工时，气温应在 15～35℃，相对湿度应小于 85%，否则会影响硬泡聚氨酯质量。施工时还应注意配比准确，一般应做配比试验，使发泡均匀，表观密度保持在 30～45 kg/m^3。喷涂时，工人应进行培训，掌握喷枪的工人应使喷枪运行均匀，使发泡后表现平整，在完全发泡前应避免上人踩踏。发泡厚度允许误差在 -5%～10%之间。硬泡聚氨酯保温层完成检查合格后，应立即进行保护层施工，如系刚性砂浆或混凝土保护层，则应在保温层上铺聚毡等材料作为隔离层。

隔离层主要用于水、水汽经常浸湿（作用）的面层下铺设的附加构造层。

1) 隔离层是用防水类卷材、防水类涂料等在基层（或找平层）上铺设而成。

2) 在水泥砂浆或水泥混凝土找平层上铺设（铺涂）沥青类防水卷材或防水类涂料隔离层，或以水泥类材料（刚性防水材料）作为防水隔离层时，其找平层或水泥类材料防水层的表面应坚固、洁净、干燥。

3) 当采用掺有防水剂的水泥类找平层作为防水隔离层时，其掺量和混凝土（或水泥砂浆）的强度等级（或配合比）应符合设计要求。

4）铺设防水隔离层材料时，应先做好连接处节点、附加层的处理后，再进行大面积的铺涂，以加强连接处的薄弱环节，防止出现渗漏现象。

5）厕浴间和有防水要求的建筑地面的楼层结构的标高、预留孔洞位置、结构构造和隔离层的设置等均应符合《建筑地面工程施工质量验收规范》（GB 50209—2002）有关规定。

（6）地面节能工程的施工质量应符合下列规定：

1）保温板与基层之间、各构造层之间的黏结应牢固，缝隙应严密；

2）保温浆料应分层施工；

3）穿越地面直接接触外空气的各种金属管道应按设计要求，采取隔断热桥保温措施。

检验方法：观察检查；核查隐蔽工程验收记录。

检查数量：每个检验批抽查2处，每处10 / m^2。穿越地面的金属管道处全数检查。

地面节能工程在施工过程中保温层与基体之间应黏结牢固、缝隙严密是非常必要的。特别是地下室（或车库）的顶板黏贴XPS板、EPS板或粉刷胶粉聚苯颗粒时，虽然这些部位不同于建筑外墙那样有风荷载的作用，但由于顶板上部的有活动荷载，会使其产生振动，从而引发脱落。在楼板下面粉刷浆料保温层时分层施工也是非常重要的，每层的厚度不应超过20 mm，如果过厚，由于自重力的作用在粉刷过程中容易产生空鼓和脱落。

对于地下室顶板、与室外空气接触的楼板底面采用黏贴XPS板、EPS板等板类材料时，所采用黏结剂要与保温板完全相容，与EPS板、EPS板等材料的拉伸黏结强度不得小于0.1 MPa，并且破坏部位应位于XPS板、EPS板等板内。胶粉聚苯颗粒等保温浆料与水泥砂浆之间的黏结拉伸强度不得小于0.1 MPa，部位不得位于黏结界面。

对于严寒、寒冷地区，穿越接触室外空气地面的各种金属类管理都是热桥，这些热桥部位除了对节能效果有一定的影响外，其热桥部位的周围还可能结露，影响使用功能，因此必须对其采取有效的措施进行处理。

（7）有防水要求的地面，其节能保温做法不得影响地面排水坡度，保温层面层不得渗漏。

检验方法：用长度500 mm水平尺检查；观察检查。

检查数量：全数检查。

本条款对有防水要求地面的构造做法和验收方法提出了明确要求。对于有防水要求的地面进行保温时，应尽可能将保温层设置在防水层下，可避免保温层浸水吸潮影响保温效果。当确实需要将保温层设置在防水层上面时，则必须对防水层进行防水处理，不得使保温层吸水受潮。另外，在铺设保温层时，要确保地面排水坡度不受影响，对于保温层来讲，如果渗水其孔隙中存在水蒸气和水，含水率对导热系数的影响颇大，特别是负温度下更使导热系数增大。

（8）严寒、寒冷地区的建筑首层直接与土壤接触的地面、采暖地下室与土壤接触的外墙、毗邻不采暖空间的地面以及底面直接接触室外空气的地面应按设计要求采取保温措施。

检验方法：对照设计观察检查。

检查数量：全数检查。

在严寒、寒冷地区，冬季室外最低气温在 -150℃以下，冻土层厚度在 400 mm 以上，建筑首层直接与土壤接触的周边地面是热桥部位，不采取有效措施进行处理，当建筑室内地面温度低于室内空气露点温度时，就会在室内地面结露，不仅影响建筑的正常使用，节能效果也大大降低，因此必须对这些部位采取保温隔热措施。

(9) 保温隔热层表面防潮层、保护层应符合设计要求。

检验方法：观察检查。

检查数量：全数检查。

对保温隔热层表面必须采取有效措施进行保护，其目的一是防止保温层材料吸潮，保温层吸潮含水率增大后，将显著影响保温效果，二是提高保温层表面的抗冲击能力。常见的地面保温构造：由下到上依次是混凝土基层，防潮层、EPS(XPS)板、防潮层、混凝土和水泥砂浆。两层防潮层包夹着保温层，既能阻挡土壤的潮气进入保温层，又可以阻挡室内潮湿空气进入保温层，保证了保温材料的保温效果；另外，保温层上面再加 80～100 mm 厚混凝土，也避免了地面荷载较大而对保温层的破坏。

三、一般项目

采用地面辐射采暖的工程，其地面节能做法应符合设计要求，并应符合《地面辐射供暖技术规程》(JGJ 142—2004)的规定。

检验方法：观察检查。

检查数量：全数检查。

辐射采暖，不依靠物体的接触进行热量传递。通俗地讲，像太阳穿过大气向地面辐射一样。地面辐射采暖一般使用低温热媒，向室内传递。

《地面辐射供暖技术规程》(JGJ 142—2004)标准要求，铺设绝热层的地面应平整、干燥、无杂物；墙面根部应平直，且无积灰现象；绝热层的铺设应平整，绝热层相互间结合应严密；直接与土壤接触或有潮湿气体侵入的地面，在铺放绝热层之前应先铺一层防潮层等，采用地面辐射供暖系统的建筑地面节能做法应满足《地面辐射供暖技术规程》(JGJ 142—2004)要求。

地面检验批质量验收记录表如表 5-6 所示。

表 5-6　地面检验批质量验收记录表

编号：

工程名称		分项工程名称		验收单位	
施工单位		专业工长		项目经理	
施工执行标准名称及编号					
分包单位		分包项目经理		施工班组长	

验收规范规定					施工单位检查评定记录	监理(建设)单位验收记录
主控项目	1	材料进场	质量文件	第 8.2.1 条		
			外观检查			
			主要性能指标	第 8.2.2 条		
			取样复检	第 8.2.3 条		
	2	基层处理		第 8.2.4 条		
	3	保温层的构造	保温层厚度	第 8.2.5 条		
			保温层构造			
			隔离层构造			
			保护层构造			
	4	保温层的施工质量	黏结的牢固性	第 8.2.6 条		
			缝隙严密性			
			分层施工			
			热桥部位的处理			
	5	防水地面	排水坡度	第 8.2.7 条		
			保温层防水性能			
	6	严寒、寒冷地区地面	接触土壤土面及外墙	第 8.2.6 条		
			不采暖空间地面			
			接触室外空气地面	第 8.2.8条		
	7	防潮层及保护层		第 8.2.9 条		
施工单位检查评定结果	项目专业质量检查员：　年　月　日					
监理(建设)单位验收结论	(建设单位项目专业技术负责人)：　年　月　日					

第六章　围护结构现场实体检验与施工验收

围护结构现场实体检验是建筑节能工程验收前的最后一次终检。外墙节能构造通过实体检验，能验证墙体的材料及构造做法是否能满足设计要求。在严寒、寒冷和夏热冬冷地区还要进行外窗气密性实体检测。在这两项内容检验合格的基础上，再进行系统节能性能检测（待采暖、通风与空调、配电与照明工程安装完成后进行）。本书的重点是土建部分，故把重点放在围护结构现场实体检验方面。

第一节　围护结构现场实体检验

建筑围护结构施工完成后，应对围护结构的外墙节能构造和严寒、寒冷、夏热冬冷地区的外窗气密性进行现场实体检测。当条件具备时，也可直接对围护结构的传热系数进行检测。

对已完工的围护结构（外墙体）工程进行实体检验，是验证建筑节能工程质量的有效手段之一。围护结构对于建筑节能意义重大，虽然在施工过程中采取了工序质量控制进行了分批分项的验收，但是其节能效果到底如何仍难确认。此时采取某种合理科学的方法对已完工程的节能效果抽取少量试样进行验证，就成为一种必要而且行之有效的手段。《混凝土结构工程施工质量验收规范》（GB 50204—2002），就采取了同条件养护的方法对重要混凝土结构进行实体检验，取得了良好效果。

对围护结构进行实体检验最直接的方法就是对墙体的传热系数检测。但是受检测技术、检测条件、检测费用和检测周期的制约，不宜广泛采用。经过多次征求意见、进行研究并在部分工程试验，决定采取更为简便的方法，即对围护结构的外墙和建筑外窗进行现场实体检验。

具体规定是：建筑围护结构施工完成后，在节能分部工程验收前，应对围护结构的外墙节能构造进行钻芯法检验。对于严寒、寒冷、夏热冬冷地区的外窗，进行现场已完成安装的实体外窗的气密性检测。此外，规定当某些条件具备时，也可直接对围护结构的传热系数进行检测。这里所说的“某些条件”，是指检测条件，包括检测的环境条件（主要指室内外温差）、检测周期条件（验收时间上允许）、检测方法、费用条件（各方取得一致意见）等。这时可以直接对围护结构的传热系数进行检测。

（1）外墙节能构造的现场实体验收目的

1）验收墙体保温材料的种类是否符合设计要求；

2）验收保温层厚度是否符合设计要求；

3）检查保温层构造做法是否符合设计和施工方案要求。

检验的方法：外墙节能构造钻芯检验方法。

外墙节能构造钻芯检测方法：

① 本方法适用于检验带有保温层的建筑外墙其节能构造是否符合设计要求。

② 钻芯检验外墙节能构造应在外墙施工完工后、节能分部工程验收前进行。

③ 钻芯检验外墙节能构造的取样部位和数量，应遵守下列规定：

● 取样部位应由监理（建设）与施工双方共同确定，不得在外墙施工前预先确定。

● 取样部位应选取节能构造有代表性的外墙上相对隐蔽的部位，并宜兼顾不同朝向和楼层；取样部位必须确保钻芯操作安全，且应方便操作。

● 外墙取样数量为一个单位工程每种节能保温做法至少取 3 个芯样。取样部位宜均匀分布，不宜在同一个房间外墙上取 2 个或 2 个以上芯样。

④ 钻芯检验外墙节能构造应在监理（建设）人员见证下实施。

⑤ 钻芯检验外墙节能构造可采用空心钻头，从保温层一侧钻取直径 70 mm 的芯样。钻取芯样深度为钻透保温层到达结构层或基层表面，必要时也可钻透墙体。

当外墙的表面坚硬不易钻透时，也可局部剔除坚硬的面层后钻取芯样。但钻取芯样后应恢复原有外墙的表面装饰层。

⑥ 钻取芯样时应尽量避免冷却水流入墙体内及污染墙面。从空心钻头中取出芯样时，应谨慎操作，以保持芯样完整。当芯样严重破损难以准确判断节能构造或保温层厚度时，应重新取样检验。

⑦ 对钻取的芯样，应按照下列规定进行检查：

● 对照设计图纸观察、判断保温材料种类是否符合设计要求；必要时也可采用其他方法加以判断；

● 用分度值为 1 mm 的钢尺，在垂直于芯样表面（外墙面）的方向上量取保温层厚度，精确到 1 mm；

● 观察或剖开检查保温层构造做法是否符合设计和施工方案要求。

⑧ 在垂直于芯样表面（外墙面）的方向上实测芯样保温层厚度，当实测芯样厚度的平均值达到设计厚度的 95%及以上且最小值不低于设计厚度的 90%时，应判定保温层厚度符合设计要求；否则，应判定保温层厚度不符合设计要求。

⑨ 实施钻芯检验外墙节能构造的机构应出具检验报告。检验报告的格式可参照表 6–1 样式。检验报告至少应包括下列内容：

● 抽样方法、抽样数量与抽样部位；

● 芯样状态的描述；

● 实测保温层厚度，设计要求厚度；

● 按照本节（1）的检验目的给出是否符合设计要求的检验结论；

● 附有带标尺的芯样照片并在照片上注明每个芯样的取样部位；

● 监理（建设）单位取样见证人的见证意见；

● 参加现场检验的人员及现场检验时间；

● 检测发现的其他情况和相关信息。

⑩ 当取样检验结果不符合设计要求时，应委托具备检测资质的见证检测机构增加一倍数量再次取样检验。仍不符合设计要求时应判定围护结构节能构造不符合设计要求。此时应根据检验结果委托原设计单位或其他有资质的单位重新验算房屋的热工性能，提出技术处理方案。

外墙取样部位的修补，可采用聚苯板或其他保温材料制成的圆柱形塞填充并用建筑密封胶密封。修补后宜在取样部位挂贴注有“外墙节能构造检验点”的标志牌。

外墙钻芯检验（图 6–1）

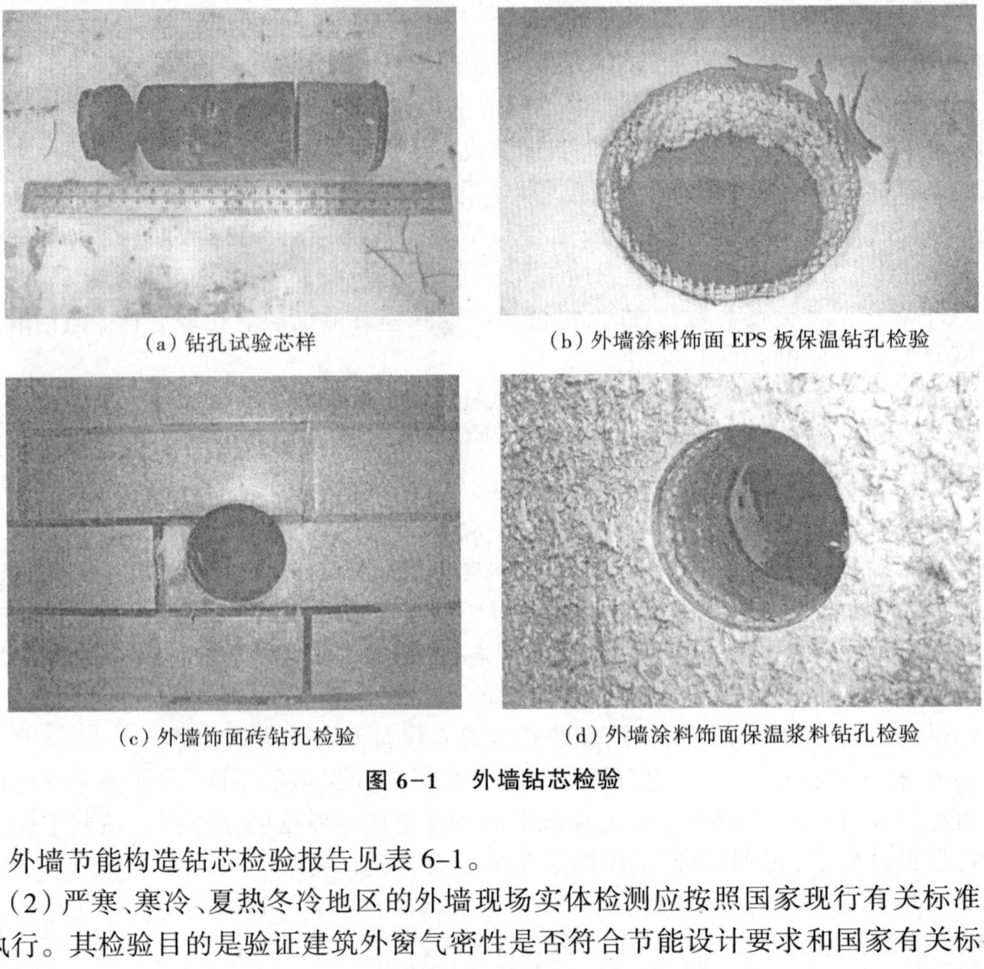

（a）钻孔试验芯样　（b）外墙涂料饰面 EPS 板保温钻孔检验

（c）外墙饰面砖钻孔检验　（d）外墙涂料饰面保温浆料钻孔检验

图 6–1　外墙钻芯检验

外墙节能构造钻芯检验报告见表 6–1。

（2）严寒、寒冷、夏热冬冷地区的外墙现场实体检测应按照国家现行有关标准的规定执行。其检验目的是验证建筑外窗气密性是否符合节能设计要求和国家有关标准的规定。

外窗气密性的实体检验是指对已经完成安装的外窗在其使用位置进行测试。这项检验实际上是在外窗质量已经进场验收合格的基础上，检验外窗的安装（含组装）质量以及外窗产品质量是否真的合格。当外窗气密性出现不合格时，应当分析原因，进行返工修理，直到达到合格水平。

（3）外墙节能构造和外窗气密性的现场实体检验，其抽样数量可以在合同中约定，但合同中约定的抽样数量不应低于本规范的要求。当无合同约定时应按照下列规定抽样：

表 6-1　外墙节能构造钻芯检验报告

<table>
<tr><td colspan="3" rowspan="3">外墙节能构造检验报告</td><td>报告编号</td><td></td></tr>
<tr><td>委托编号</td><td></td></tr>
<tr><td>检测日期</td><td></td></tr>
<tr><td colspan="2">工程名称</td><td colspan="3"></td></tr>
<tr><td colspan="2">建设单位</td><td></td><td>委托人 / 联系电话</td><td></td></tr>
<tr><td colspan="2">监理单位</td><td></td><td>检测依据</td><td></td></tr>
<tr><td colspan="2">施工单位</td><td></td><td>设计保温材料</td><td></td></tr>
<tr><td colspan="2">节能设计单位</td><td></td><td>设计保温层厚度</td><td></td></tr>
<tr><td rowspan="8">检验结果</td><td>检验项目</td><td>芯样 1</td><td>芯样 2</td><td>芯样 3</td></tr>
<tr><td>取样部位</td><td>轴线 / 层</td><td>轴线 / 层</td><td>轴线 / 层</td></tr>
<tr><td>芯样外观</td><td>完整 / 基本
完整 / 破碎</td><td>完整 / 基本
完整 / 破碎</td><td>完整 / 基本
完整 / 破碎</td></tr>
<tr><td>保温材料种类</td><td></td><td></td><td></td></tr>
<tr><td>保温层厚度</td><td>mm</td><td>mm</td><td>mm</td></tr>
<tr><td>平均厚度</td><td colspan="3">mm</td></tr>
<tr><td>围护结构
分层做法</td><td>1 基层；
2
3
4
5</td><td>1 基层；
2
3
4
5</td><td>1 基层；
2
3
4
5</td></tr>
<tr><td>照片编号</td><td></td><td></td><td></td></tr>
<tr><td colspan="4">结论：</td><td>见证意见：
1 抽样方法符合规定；
2 现场钻芯真实；
3 芯样照片真实；
4 其他：

见证人：</td></tr>
</table>

<table>
<tr><td>批　　准</td><td></td><td>审　　核</td><td></td><td>检　　验</td><td></td></tr>
<tr><td>检验单位</td><td colspan="3">（印章）</td><td>报告日期</td><td></td></tr>
</table>

1）每个单位工程的外墙至少抽查 3 处，每处一个检查点。当一个单位工程外墙有两种以上节能保温做法时，每种节能做法的外墙应抽查不少于 3 处；

2）每个单位工程的外窗至少抽查 3 樘。当一个单位工程外窗有两种以上品种、类型和开启方式时，每种品种、类型和开启方式的外窗均应抽查不少于 3 樘。

外窗不同品种指窗框主要制作材料不同,如金属窗、塑料窗、木窗等。外窗不同类型指窗的构造不同,如单层窗、双层窗、采用中窗玻璃或普通玻璃的窗等。窗的开启方式指平开窗、推拉窗、立转窗、上悬窗、中悬窗等。

(4) 外墙节能构造的现场实体检验应在监理(建设)人员见证下实施,可委托有资质的检测机构实施,也可由施工单位实施。

规定承担围护结构现场实体检验任务的实施单位和见证单位。主要出发点是既要保证检测地公正性与可靠性,又要尽可能降低检验成本。

考虑到围护结构的现场实体检验是采用钻芯法验证其节能保温构造做法，操作简单,不需要使用试验仪器和复杂设备,而且复现性较好,为了方便施工,故规定现场实体检验除了可以委托有资质的检测单位承担外,也可由施工单位自行实施。但是不应由项目部而应由其上级即施工单位实施。实施过程均需见证,以保证检验的公正性。

(5) 外窗气密性的现场实体检测应在监理(建设)人员见证下抽样,委托有资质的检测机构实施。

与外墙节能构造的现场实体检验不同，本条款规定承担外窗气密性现场实体检验任务的单位应该是有资质的检测机构。这是考虑到外窗气密性检验操作较复杂,需要使用整套试验仪器,结果分析也需要一定的技术知识,所有这些施工单位难以完成,故规定应委托有资质的检测单位承担。检测过程同样应进行见证,以保证结论的公正性。

在施工现场检测外窗气密性,其原理与实验室检测相同,采用的分级指标、试验标准也相同。所不同的仅仅是现场条件的差别。实践证明,窗洞的密封对试验结果有重要影响。现场试验过程中,检测单位应严格按照相关标准的要求操作,保证试验结果的复现性。

(6) 对维护结构的传热系数进行检测时,应由建设单位委托具备检测资质的检测机构承担;其检测方法、抽样数量、检测部位和合格判定标准等,可在合同中约定。

墙体和外窗的现场实体检验,是每个工程节能验收前应当进行的一项验证。方法相对简单,实施比较方便。但是在有些情况下,可能需要直接对围护结构的传热系数进行测试。例如:

1) 现场实体检验出现不符合要求的情况;

2) 有证据显示节能工程质量可能存在某些严重问题;

3) 出于某种原因需要直接得到围护结构的传热系数。

此时为了得出更为真实可靠的结论,当具备检测条件时,可以直接对围护结构的传热系数进行检测。考虑到检测技术的现状和各种情况的复杂性,《建筑节能工程施工质量验收规范》(GB 50411—2007)未统一规定检测方法和抽样数量,其检测方法、抽样数量、检测部位和合格判定标准以及是否需要见证等可在合同中约定或由各方协商决定。

目前检测围护结构的传热系数主要有两类方法,即所谓“热流计法”和“热箱法”以及由这两类方法派生、改进而成的许多方法。建筑围护结构由保温墙体、外窗以及墙体内各种构配件等组成,面积大而不均匀,加之外墙内侧的房间大小用途各不相同,故综合评价外墙传热系数是一件很困难的事。目前直接检测传热系数主要是针对局部墙体进行,测得的传热系数实际上是被测部位的“局部传热系数”。在这样的情况下,由当事各方共同确定检测方法、抽样数量、检测部位和合格判定标准等似乎更为合理。

（7）当外墙节能构造或外窗气密性现场实体检验出现不符合设计要求和标准规定的情况时，应委托有资质的检测机构扩大一倍数量抽样，对不符合要求的项目或参数再次检验。仍然不符合要求时应给出“不符合设计要求”的结论。

对于不符合设计要求的围护结构节能构造应查找原因，对因此造成的对建筑节能的影响程度进行计算或评估，采取技术措施予以弥补或消除后重新进行检测，合格后方可通过验收。

对于建筑外窗气密性不符合设计要求和国家现行标准规定的，应查找原因进行修理，使其达到要求后重新进行检测，合格后方可通过验收。

考虑到建筑工程的特点，对于不符合要求的项目难以立即拆除返工，通常的做法是首先查找原因，对所造成的影响范围和影响程度进行计算或评估，然后采取某些可行的技术措施予以弥补、修理或消除，这些措施通常需要征得节能设计单位和建设、监理单位的同意。消除隐患后必须重新进行检测，合格后方可通过验收。

《建筑工程施工质量验收统一标准》（GB 50300—2001）规定了当工程质量出现不符合要求的情况时应采取的处理措施。这些处理措施对建筑节能工程同样适用。如果最终处理后留下永久性缺陷，应按照国际惯例实行让步接受。

第二节　建筑节能分部工程质量验收

建筑节能分部工程质量验收，主要在验收的条件、验收的内容、验收的程序与组织、合格标准及验收记录格式等作出具体规定。

（1）建筑节能分部工程的质量验收，应在检验批、分项工程全部验收合格的基础上，进行外墙构造实体检验、严寒、寒冷和夏热冬冷地区的外窗气密性现场检测以及系统节能性检测和系统联合试运转与调试，确认建筑节能工程质量达到验收条件后方可进行。

（2）建筑节能工程验收的程序和组织应遵守《建筑工程施工质量验收统一标准》（GB 50300—2001）的要求，并应符合下列规定：

1）节能工程的检验批验收和隐蔽工程验收应由监理工程师主持，施工单位相关专业的质量检查员与施工员参加；

2）节能分项工程验收应由监理工程师主持，施工单位项目技术负责人和相关专业的质量检查员、施工员参加；必要时可邀请设计单位相关专业的人员参加。

3）节能分部工程验收应由总监理工程师（建设单位项目负责人）主持，施工单位项目经理、项目技术负责人和相关专业的质量检查员、施工员参加，施工单位的质量或技术负责人应参加，设计单位节能设计人员应参加。

（3）建筑节能工程的检验批验收合格，应符合下列规定：

1）检验批应按主控项目和一般项目验收；

2）主控项目全部合格；

3）一般项目应合格。当采用计数检验时，至少应有90%以上的检查点合格，且其余检查点不得有严重缺陷；

4）应具有完整的施工操作依据和质量验收记录。

考虑到建筑节能的重要性，一般项目的合格率要求增加为90%。

应注意验收时对于“一般项目”不能作为可有可无的验收内容，验收时应要求一般项目也要达到“全部合格”。当发现不合格情况时，应进行返工修理。只有当难以修复时，对于采用计数检验的验收项目，才允许适当放宽，即至少有90%以上的检查点合格即可通过验收，同时规定其余10%的不合格点不得有“严重缺陷”。对“严重缺陷”可理解为明显影响了使用功能，造成功能上的缺陷或降低了使用功能。

对于“计数检验”的理解，可简略理解为“检查点”数量。由此检验批合格条件可表述为允许抽查点数中有10%的“检查点”不合格，但是有附加条件：这10%的不合格点不得有明显影响使用功能的“严重缺陷”，否则还是不能通过验收。

放宽对一般项目的合格率要求，是充分考虑到建筑工程的特点，即工种多而复杂，工程量大，材料种类多，部分材料特别是地方砂石等材料量大而难以工厂化生产，主要依靠人工作业而且现场条件远比工厂车间差等。

(4) 建筑节能分项工程质量验收合格，应符合下列规定：

1）分项工程所含的检验批均应合格；

2）分项工程所含检验批的质量验收记录应完整。

建筑节能分部工程的节能验收，是按分项直接验收还是划分为检验批验收要根据具体情况决定。如果按分项直接验收，则合格条件就成为：分项工程的质量应合格。又可详细表述为“主控项目全部合格，一般项目90%以上合格且没有严重缺陷”。

分项工程的质量验收记录应完整。

(5) 建筑节能分部工程质量验收合格，应符合下列规定：

1）分项工程应全部合格；

2）质量控制资料应完整；

3）外墙节能构造现场实体检验结果应符合设计要求；

4）严寒、寒冷和夏热冬冷地区的外窗气密性现场实体检测结果应合格；

5）建筑设备工程师系统节能性检测结果应合格。

本条款为强制性条文。给出了建筑节能分部工程质量验收合格的5个条件。5个条件归纳，可以分为3类：

① 所包含的各分项工程质量合格；

② 规定的各项实体检验合格；

③ 质量控制资料合格。

(6) 建筑节能工程验收时应对下列资料核查，并纳入竣工技术档案。

1）设计文件、图纸会审记录、设计变更和洽商；

2）主要材料、设备、构件和部品的质量证明文件、进场检验记录、进场核查记录、进场复验报告、见证试验报告；

3）隐蔽工程验收记录和相关图像资料；

4）分项工程验收记录和相关图像资料；

5）建筑围护结构节能构造现场检验记录；

6）严寒、寒冷和夏热冬冷地区外窗气密性现场检测报告；

7）风管及系统严密性检验记录；

8）现场组装的组合式空调机的漏风量测试记录；

9）设备单机试运转及调式记录；

10）系统联合试运转及调试记录；

11）系统节能性能检验报告；

12）其他对工程质量有影响的重要技术资料。

（7）建筑节能工程验收时需要整理和查验的资料共 12 种内容包括：

1）设计文件、图纸会审记录、设计变更和洽商，应包括所有设计文件，包括容易被忽略的设计说明、设计交底（交底文件或交底记录）、采用的重复使用图集等。

2）主要材料、设备构件和部品的质量证明文件、进场检验记录、进场核查记录、进场复验报告、见证试验报告。包括厂家提供的材料设备质量证明文件，进口产品的商检证明，进场检验验收记录，抽样记录、见证记录与复验报告等。其中如果有不合格记录或试验报告时，应有采取技术处理的记录和复验合格的证明。

3）隐蔽工程验收记录和相关图像资料。规范各章均列出了需要验收的主要隐蔽工程，验收时应加以对照，不得遗漏。

4）分项工程质量验收记录；必要时应核查检验批验收记录。应根据工程的具体情况，首先应弄清是直接对分项工程验收还是划分为检验批进行验收。然后核查验收记录。主要检查填写的内容是否齐全，签字是否齐全有效等。

5）建筑围护结构节能构造现场检验记录。按照本节（1）和表 6-1 的要求对照设计要求进行审查。必要时应查验取样检查的点的位置。

6）严寒、寒冷和夏热冬冷地区外窗气密性现场检测报告。检查现场检验报告的内容和结论是否符合要求；报告的签发、印章、标识等是否正确；审查承担监测任务的检测机构是否具备相应资质等。

7）风管及系统严密性检验记录。

8）现场组装的组合式调机组的漏风量测试记录。

9）设备单机试运转及调式记录。

10）系统联合试运转及调试记录。

11）系统节能性能检验报告。

12）其他对工程质量有影响的重要技术资料；资料中如果有复印件，应遵守复印件管理的有关规定。

（8）建筑节能工程分部、分项工程和检验批的质量验收表（表 6-2、表 6-3、表 6-4）。

表 6-2　建筑节能分部工程质量验收表

<table>
<tr><td>工程名称</td><td colspan="2"></td><td>结构类型</td><td>层 数</td><td></td></tr>
<tr><td>施工单位</td><td colspan="2"></td><td>技术部门负责人</td><td>质量部门负责人</td><td></td></tr>
<tr><td>分包单位</td><td colspan="2"></td><td>分包单位负责人</td><td>分包技术负责人</td><td></td></tr>
<tr><td>序号</td><td colspan="2">分项工程名称</td><td>验收结论</td><td>监理工程师签字</td><td>备注</td></tr>
<tr><td>1</td><td colspan="2">分项工程名称</td><td></td><td></td><td></td></tr>
<tr><td>2</td><td colspan="2">墙体节能工程</td><td></td><td></td><td></td></tr>
<tr><td>3</td><td colspan="2">幕墙节能工程</td><td></td><td></td><td></td></tr>
<tr><td>4</td><td colspan="2">门窗节能工程</td><td></td><td></td><td></td></tr>
<tr><td>5</td><td colspan="2">地面节能工程</td><td></td><td></td><td></td></tr>
<tr><td>6</td><td colspan="2">采暖节能工程</td><td></td><td></td><td></td></tr>
<tr><td>7</td><td colspan="2">通风与空调节能工程</td><td></td><td></td><td></td></tr>
<tr><td>8</td><td colspan="2">空调与采暖系统的冷热源及管网节能工程</td><td></td><td></td><td></td></tr>
<tr><td>9</td><td colspan="2">配电与照明节能工程</td><td></td><td></td><td></td></tr>
<tr><td>10</td><td colspan="2">监测与控制节能工程</td><td></td><td></td><td></td></tr>
<tr><td colspan="3">质量控制资料</td><td></td><td></td><td></td></tr>
<tr><td colspan="3">外墙节能构造现场实体检验</td><td></td><td></td><td></td></tr>
<tr><td colspan="3">外窗气密性现场实体检测</td><td></td><td></td><td></td></tr>
<tr><td colspan="3">系统节能性能检测</td><td></td><td></td><td></td></tr>
<tr><td colspan="3">验收结论</td><td></td><td></td><td></td></tr>
<tr><td colspan="3">其他参加验收人员</td><td colspan="3"></td></tr>
<tr><td rowspan="4">验收单位</td><td colspan="2">分包单位:</td><td colspan="3">项目经理:　　　　年　月　日</td></tr>
<tr><td colspan="2">施工单位:</td><td colspan="3">项目经理:　　　　年　月　日</td></tr>
<tr><td colspan="2">设计单位:</td><td colspan="3">项目负责人:　　　　年　月　日</td></tr>
<tr><td colspan="2">监理(建设)单位:</td><td colspan="3">总监理工程师:
(建设单位项目负责人)　　　　年　月　日</td></tr>
</table>

表 6-3 ________分项工程质量验收汇总表

<table>
<tr><td>工程名称</td><td colspan="3"></td><td>检验批数量</td><td colspan="2"></td></tr>
<tr><td>设计单位</td><td colspan="3"></td><td>监理单位</td><td colspan="2"></td></tr>
<tr><td>施工单位</td><td colspan="2"></td><td>项目经理</td><td></td><td>项目技术负责人</td><td></td></tr>
<tr><td>分包单位</td><td colspan="2"></td><td>分包单位负责人</td><td></td><td>分包项目经理</td><td></td></tr>
<tr><td>序号</td><td colspan="2">检验批部位、区段、系统</td><td colspan="2">施工单位检查评定结果</td><td colspan="2">监理(建设)单位验收结论</td></tr>
<tr><td>1</td><td colspan="2"></td><td colspan="2"></td><td colspan="2"></td></tr>
<tr><td>2</td><td colspan="2"></td><td colspan="2"></td><td colspan="2"></td></tr>
<tr><td>3</td><td colspan="2"></td><td colspan="2"></td><td colspan="2"></td></tr>
<tr><td>4</td><td colspan="2"></td><td colspan="2"></td><td colspan="2"></td></tr>
<tr><td>5</td><td colspan="2"></td><td colspan="2"></td><td colspan="2"></td></tr>
<tr><td>6</td><td colspan="2"></td><td colspan="2"></td><td colspan="2"></td></tr>
<tr><td>7</td><td colspan="2"></td><td colspan="2"></td><td colspan="2"></td></tr>
<tr><td>8</td><td colspan="2"></td><td colspan="2"></td><td colspan="2"></td></tr>
<tr><td>9</td><td colspan="2"></td><td colspan="2"></td><td colspan="2"></td></tr>
<tr><td>10</td><td colspan="2"></td><td colspan="2"></td><td colspan="2"></td></tr>
<tr><td>11</td><td colspan="2"></td><td colspan="2"></td><td colspan="2"></td></tr>
<tr><td>12</td><td colspan="2"></td><td colspan="2"></td><td colspan="2"></td></tr>
<tr><td>13</td><td colspan="2"></td><td colspan="2"></td><td colspan="2"></td></tr>
<tr><td>14</td><td colspan="2"></td><td colspan="2"></td><td colspan="2"></td></tr>
<tr><td>15</td><td colspan="2"></td><td colspan="2"></td><td colspan="2"></td></tr>
<tr><td colspan="3">施工单位检查结论:

项目专业质量(技术)负责人
年 月 日</td><td colspan="4">验收结论:

监理工程师:
(建设单位项目专业技术负责人)
年 月 日</td></tr>
</table>

表 6-4 ________检验批/分项工程质量验收表

编号：

工程名称		分项工程名称		验收部位	
施工单位		专业工长		项目经理	
施工执行标准名称及编号					
分包单位		分包项目经理		施工班组长	
验收规范规定				施工单位检查评定记录	监理（建设）单位验收记录
主控项目	1		第 条		
	2		第 条		
	3		第 条		
	4		第 条		
	5		第 条		
	6		第 条		
	7		第 条		
	8		第 条		
	9		第 条		
	10		第 条		
一般项目	1		第 条		
	2		第 条		
	3		第 条		
	4		第 条		
施工单位检查评定结果	项目专业质量检查员： （项目技术负责人） 年 月 日				
监理（建设）单位验收结论	监理工程师： （建设单位项目专业技术负责人） 年 月 日				

第七章 低碳建筑工程解读

一、清华大学超低能耗示范楼

清华大学超低能耗示范楼如图 7–1 所示。

图 7–1 清华大学超低能耗示范楼

清华大学超低能耗示范楼坐落于校园东区，占地面积 2 920 m^2。地下 1 层，地上 4 层。是北京市科委科研项目，为 2008 年奥运建筑的“前期示范工程”。该工程旨在通过其体现奥运建筑的“高科技”、“绿色”、“人性化”。同时，超低能耗示范楼是国家“十五”科技攻关项目“绿色建筑关键技术研究”的技术集成平台，用于展示和实验各种低能耗、生态化、人性化的建筑形式及先进的技术产品，并在此基础上陆续开展建筑技术科学领域的基础与应用性研究，示范并推广系列的节能、生态、智能技术在公共建筑和住宅上的应用。

项目包括建筑物理环境控制与设施研究（声、光、热、空气质量等）、建筑材料与构造（窗、遮阳、屋顶、建筑节点、钢结构等）、建筑环境控制系统的研究（高效能源系统、新的采暖通风和空调方式及设备开发等）、建筑智能化系统研究。

示范楼作为技术展示和效果测试，选用了近 10 种不同的外围护结构做法，基本的热工性能要求为透光体系部分（玻璃幕墙、保温门窗、采光顶）综合传热系数 $K<1$ [W/(m^2·K)]，太阳得热系数 SHGC < 0.5，非透光体系部分（保温墙体、屋面）传热系数 $K<0.3$ [W/(m^2·K)]。冬季建筑物的平均热负荷仅为 0.7 [W/(m^2·K)]，最冷月的平均热负荷也只有 2.3 W/m^2，如果考虑室内人员灯光和设备等的发热量，基本可实现冬季零采暖能耗。夏季最热月整个维护结构的平均得热也只有 5.2 W/m^2。保温隔热的维护结构使建筑耗冷耗热量仅为常规建筑的 10%。

示范楼能源和设备系统采用多项节能措施和可再生能源技术，包括照明和办公设备在内,示范楼单位面积全年总用电量指标为 40 kWh / m²,仅是北京市高档办公建筑平均总用电量指标的 30%。

清华大学超低能耗示范楼是我国首个综合了示范、展示、试验功能的绿色建筑,是一个以真实建筑为基础的试验台,在大楼方案论证阶段,就贯穿了可更新、可调节、可拓展的思路,为未来更加深入的试验及科研创造条件。

示范楼集成了近百项建筑节能和绿色建筑相关的最新技术,包括了美国、德国、日本、丹麦等国外企业以及清华同方、秦皇岛耀华等国内高新技术企业在内的近 50 家单位捐赠的产品,有近 10 项产品和技术为国内首次采用。

智能外墙围护结构系统如图 7-2 所示。

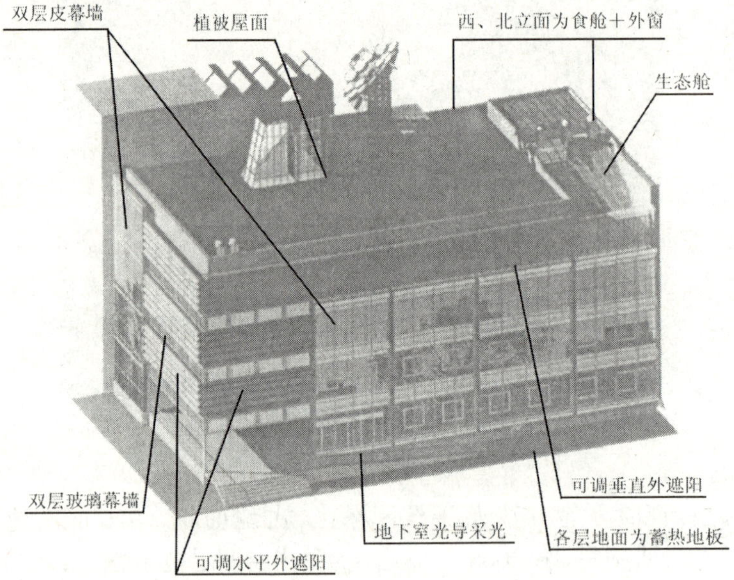

图 7-2　智能外墙围护结构系统

作为绿色建筑的示范，超低能耗楼在设计方案中主要考虑了如下几方面的关键技术应用：

超低能耗楼外维护结构体系主要是针对可调控的“智能型”外围护结构进行研究，使其能够自动适应气候条件的变化和室内环境控制要求的变化。从采光、保温、隔热、通风、太阳能利用等方面进行综合分析,给出不同环境条件下的推荐形式。图 7-2 标明了示范楼各个外立面采用的围护结构方式。

(1) 东立面围护结构：东立面有三种幕墙方式，分别为宽通道外循环式双层皮幕墙、玻璃幕墙 + 水平外遮阳、玻璃幕墙 + 垂直遮阳。

双层幕墙间设有 600 mm 宽的空气通道，外层幕墙采用 6 mm 厚透明钢化玻璃。内层幕墙采用 4 + 9A + 5 + 9A + 4 mm 双中空双 Low-E 玻璃，玻璃原片选择在线 CVD 法生产的 Low-E 镀膜玻璃。

双层皮幕墙最早出现在 20 世纪 70 年代的欧洲，世界范围内的能源危机加速了建筑节能技术研究与发展。双层幕墙技术是具有代表性的节能技术之一。双层幕墙主要是针对以往玻璃幕墙耗能高,采用双层体系做围护结构,利用夹层通风的方式增加热阻,降低建筑能耗。被誉为“可呼吸的幕墙”。典型的双层皮幕墙构造如图 7-3 所示。

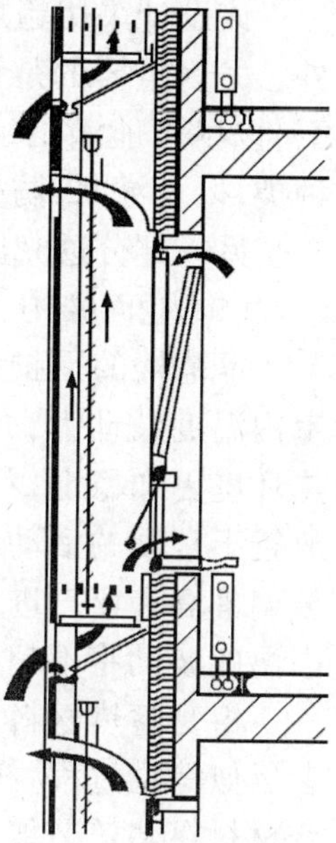

图 7-3　双层幕墙结构图

双层幕墙的特点：两侧幕墙中间的空气夹层可起到一定的保温隔热作用。其保温隔热性能主要由幕墙玻璃本身的保温性能和幕墙框架的断热性能决定。

东立面大型外遮阳装置,叶片宽度为600 mm,叶片间距600 mm,单片遮阳板长度 6 m。根据采光、视野和能量收集的不同要求,水平外遮阳板分为三组，能够根据室内采光度和太阳光的不同照射角度等,及时调整外遮阳百叶开启角度,达到室内采光与外遮阳两者间的最佳和谐。

遮阳技术:遮阳能阻断直射阳光透过玻璃进入室内,降低室温和空调能耗。窗口外遮阳按使用方式可分成活动式和固定式两类。活动式遮阳具有最好的遮阳效果,因安装与维修困难,目前,国内应用并不普遍,但是今后遮阳技术的发展方向。近年来,我国的遮阳产业有了很大发展,能够提供各种满足不同需要的产品。同时,随着全社会节能意识的提高,越来越多的居民也认识到夏季遮阳的重要性。因此,在夏热冬暖地区的居住建筑上应大力提倡使用卷帘、百叶窗之类的外遮阳。

示范楼东侧内开窗采用隔热铝合金窗，选用 20 mm 宽隔热条铝合金型材及暖边密封系统,具有良好的窗扇的整体刚性和保温性能。

(2) 南立面围护结构:南立面的幕墙方式有三种,一种与东立面玻璃幕墙 + 水平外遮阳类似,区别是双中空玻璃幕墙的中间一片采用真空玻璃。南立面另外两种幕墙则和东立面不同，一是其安装方式为单元式，二是采用窄通道的通风方式。其中一层和二层为内循环方式,通风夹层为 200 mm,通风系统与空调排风系统相结合,房间的空调回风通过双层皮之间的通道后进入排风道，达到夏季利用排风中的冷量而冬季利用排风中的热量实现节能。三层和四层采用外循环式双层幕墙,夹层稍窄为 110 mm,用于辅助通风的小型风机设置在夹层顶部,外侧开孔面积很小,不影响立面效果。

(3) 西立面和北立面的围护结构:西立面和北立面采用轻质保温外墙,从外到内依次为铝幕墙、保温棉、石膏砌块。其中石膏砌块利用发电厂烟气脱硫的副产品,粉碎后还可回收利用,而聚氨酯保温材料的原料之一也是废旧塑料瓶光盘等产品回用,体现了在材料选择上全生命周期的环保理念。西立面及北立面外窗采用多腔结构的 PVC 塑钢窗,并统一安装卷帘外遮阳。

(4) 屋面结构:屋面有两类,一类为种植屋面,其中保温层采用聚氨酯硬泡喷涂,保温层厚度为 130 mm，考虑混凝土垫层和种植屋面的综合效果，传热系数 $K < 0.2$ [W/($m^2 \cdot K$)],夏季如考虑植物表面的蒸腾作用,有时可实现零热阻乃至负热阻。示范楼屋顶绿化由九块绿地构成,每一块由一种适应北京气候、抗逆性强、观赏价值高的新优植物材料组成,相邻两块为过渡色,在整体上力求和谐统一。同时,追求植物景观的季相变化,达到“三季有花、四季有景”的艺术效果。

该设计采用粗放管理的生态型绿化方式，除了改善楼顶环境小气候、丰富建筑景观外，尤为重要的是该屋顶绿化具备科学试验的性能。旨在研究在屋顶荷重可能的条件下，以尽可能满足植物正常生长为前提，实现轻量化栽培，开发与利用适合屋顶的植物种类，以及灌水、防根等屋顶绿化相关技术的研究。

另一部分透光屋面是生态仓屋顶，屋顶斜面部分采用了自洁净玻璃。

(5) 地面结构：地面采用相变蓄热活动地板。

示范楼的围护结构由玻璃幕墙、轻质保温外墙组成，热容较小，低热惯性容易导致室内温度波动大，尤其是在冬季，昼夜温差会超过 10℃。为增加建筑热惯性，以使室内热环境更加稳定，示范楼采用了相变蓄热地板，将相变温度为 20 ~ 22℃的定形相变材料放置于常规的活动地板内作为部分填充物，由此形成的蓄热体在冬季的白天可蓄存由玻璃幕墙和窗户进入室内的太阳辐射热，晚上材料相变向室内放出蓄存的热量，这样室内温度波动将不超过 6℃。

相变蓄热材料：物质从一种状态到另一种状态叫相变，相变过程一般是一个等温或者近似等温过程，相变过程中伴有能量的吸收或释放，这部分能量称为相变潜热。故相变材料在建筑节能中得到应用。定形相变材料是由相变材料和高分子材料组成的混合蓄能材料。该楼采用了定形相变材料的蓄能高架活动地板。

该地板把定形相变材料颗粒加入水泥砂浆中制成混合材料，注入高架活动地板，使蓄放热过程更加高效，如图 7–4 所示。

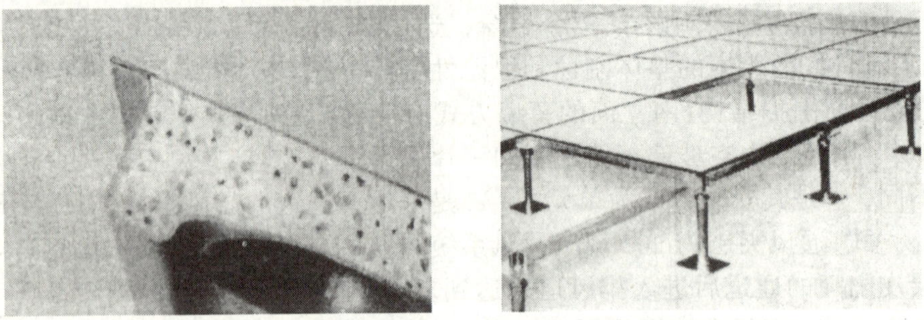

图 7–4　定形相变材料蓄能高架活动地板

二、上海生态办公示范楼

“上海生态办公示范楼”针对上海的地域特征和经济发展水平，集成了国内外 60 多家产学研联合体的先进技术研究成果，全面展示了体现生态建筑基本设计理念的超低能耗、自然通风等 10 大类关键技术体系，成为具有国际先进水平的生态建筑关键技术集成平台。

该楼总建筑面积 1 994 m^2，钢混主体结构，南面两层、北面三层。西侧为建筑环境实验室，东侧为生态建筑技术产品展示区和员工办公区，中部为采光中庭与天窗。基于上海的经济发展水平，地域气候特征、场址环境特点和建筑使用功能，通过研发并集成国内外最新生态技术及产品，总体技术目标达到：综合能耗为普通建筑的 1/4；再生能源利用率占建筑使用能耗的 20%；室内综合环境达到健康、舒适指标；再生资源利用率达到 60%。形成超低能耗、自然通风、天然采光、健康空调、再生能源、绿色建材、智能控制、(水)资源回用、生态绿化、舒适环境 10 大技术亮点。

上海生态办公示范楼如图 7-5 所示。

图 7-5　上海生态办公示范楼

(1) 建筑节能综合利用

1) 超低能耗围护结构:该生态办公示范楼采用了 4 种复合墙体保温体系;3 种复合型屋面保温体系(绿化平屋面采用倒置式保温,保温层采用耐植物根系腐蚀的 XPS 板和泡沫玻璃板置于屋面防水层之上,再利用屋面绿化技术,形成冬季保温、夏季隔热又可增加绿化面积的复合型屋面);节能门窗;多种遮阳技术,天窗外部采用可控制软遮阳技术达到有效节省空调能耗的作用;南立面根据当地的日照规律采用可调节的水平铝合金百叶外遮阳技术,通过调节百叶的角度,达到节能效果;西立面根据太阳光入射角度采用可调节垂直铝合金百叶遮阳技术。仅围护结构节能措施可降低能耗 47.8%。

2) 太阳能综合利用建筑一体化:设计了斜屋面放置太阳能真空管集热器和多晶硅太阳能光电板,实现太阳能综合利用。通过集成太阳能热水器、低温地板辐射采暖系统和热水型太阳能吸附式空调机组,实施建筑一体化设计,有效解决示范楼冬季采暖、夏季制冷和全年热水供应问题;在过渡季节,利用太阳能热水强化自然通风。此外,在斜屋顶下部选用光电转换效率≥14%的高效率多晶硅太阳能光电板,建立 5 kW 光伏电站并采用并网技术实现并网。

3) 节能系统设备:如高效、环保、健康新型空调系统。除了利用太阳能、太阳能热水型吸附式空调和采暖复合系统外,研发热泵驱动的热、湿负荷独立控制的高效、环保、健康新型空调系统:通过避免使用有凝结水的盘管,解决目前空调系统中存在的霉菌滋生问题,同时通过除湿机内盐溶液的喷洒除去空气中的尘埃、霉菌及其他有害物。该空调系统同时利用了热泵的冷、热量,并且排风采用全热回收等技术,可以使空调能耗降低 20%左右。机组可以采用全新风运行,提高了室内空气品质。最后,系统通过使用绿色环保制冷工质(溴化锂溶液等),减少了氟利昂制冷剂的使用,减少对大气臭氧层的破坏,体现生态和环保的理念。

(2) 总体技术目标和技术特色

1) 总体技术目标

① 综合能耗为普通建筑的 1/4;

② 再生能源利用率占建筑使用能耗的 20%；

③ 室内综合环境达到健康、舒适指标；

④ 再生资源利用率达到 60%。

2）技术特色

体现“节约能源、节省资源、保护环境、以人为本”的基本理念，形成“超低能耗、自然通风、天然采光、健康空调、再生能源、绿色建材、智能控制、(水)资源回用、生态绿化、舒适环境”10 大技术亮点。

(3) 超低能耗围护结构

1）外墙外保温体系见表 7-1。

表 7-1　外墙外保温体系汇总表

序号	应用部位	保温体系主要构成	传热系数 / [W/(m²·K)]	热惰性指标 D
1	东向外墙	混凝土砌块(90)＋298 凯福发泡(60)＋砂加气砌块(240)	0.32	4.3
2	南向外墙	EPS 外保温(140)＋混凝土砌块(190)	0.27	3.2
3	西向外墙	混凝土砌块(90)＋298 凯福发泡(85)＋混凝土砌块(240)	0.29	4.3
4	北向外墙	XPS 外保温(75)＋混凝土砌块(190)	0.33	3.2

2）外墙外保温系统如图 7-6 所示。

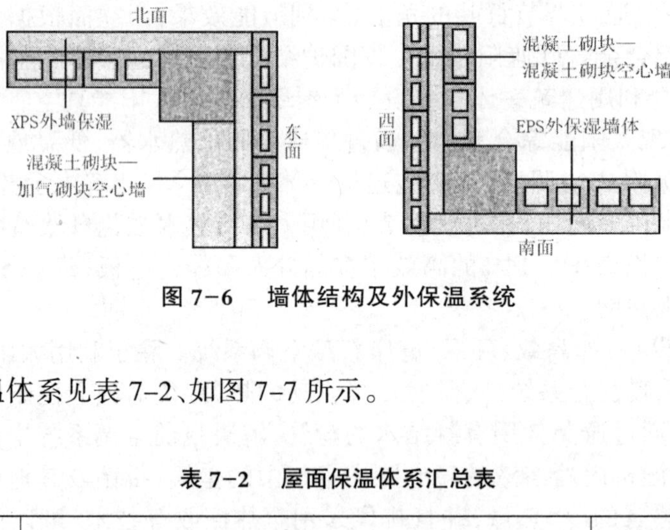

图 7-6　墙体结构及外保温系统

3）屋面保温体系见表 7-2、如图 7-7 所示。

表 7-2　屋面保温体系汇总表

序号	应用部位	保温体系主要构成	传热系数 / [W/(m²·K)]	热惰性指标 D
1	不上人平屋面	屋面绿化(600)＋泡沫玻璃(150)＋陶粒混凝土找坡层(100)	0.31	3.2
2	上人平屋面	屋面绿化(600)＋XPS(95)＋陶粒混凝土找坡层(100)	0.31	3.2
3	东向坡屋面	发泡聚氨酯(180)	0.16	5.0

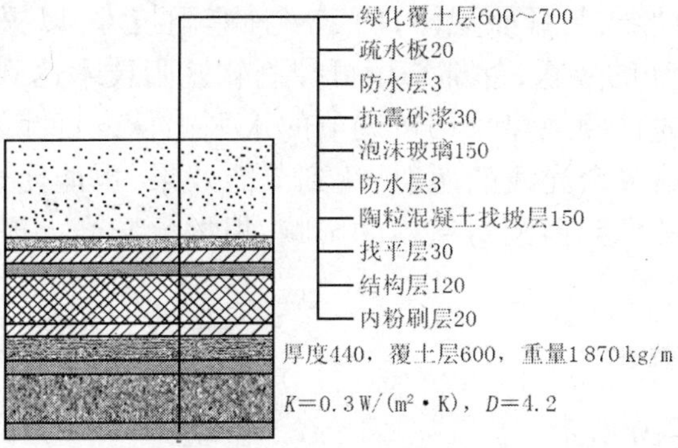

图 7-7　屋面保温体系

4）地面保温体系如图 7-8 所示。

5）节能门窗见表 7-3。

外门窗采用断热铝合金双玻中空 Low-E 窗，其中天窗采用三玻安全 Low-E 玻璃，其表层玻璃具有自清洁功能。南向局部外窗采用充氩气中空 Low-E 玻璃和阳光控制膜，提高外窗的保温隔热性能。

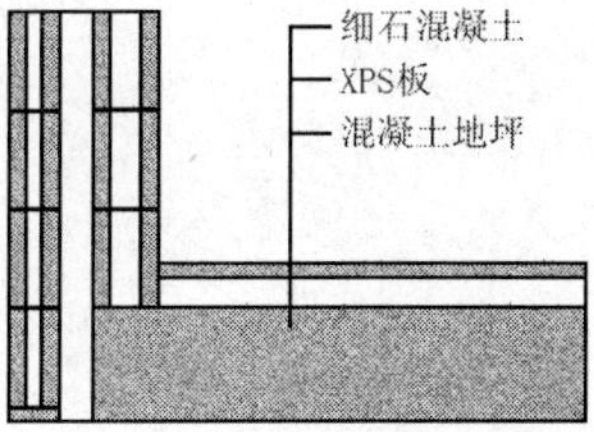

图 7-8　地面保温体系

表 7-3　节能窗汇总表

序号	应用部位	窗户类型	玻璃传热系数 / [W/(m²·K)]	玻璃遮阳系数	可见光透过率 / %
1	坡屋面天窗	Petlow-E 双中空玻璃窗	1.82(考虑窗框)	0.62	68
2	各向外窗	Low-E 中空双玻窗	1.62	0.58	65

6）遮阳技术如图 7-9 所示。

图 7-9　遮阳技术

根据示范楼的建筑形式与日照规律，确定多种遮阳技术，以提高外窗的保温隔热性能。天窗根据节能与采光的要求，外部采用可控制软遮阳技术达到有效节省空调能耗的作用；南立面根据当地的日照规律采用可调节的水平铝合金百叶外遮阳技术，通过调节百叶的角度，既能够阻挡多余光线的照射，达到节能效果，也能使光线进入室内深处，提高舒适度；西立面主要考虑到西晒对室内的影响，根据太阳光入射角度采用可调节垂直铝合金百叶遮阳技术。

三、上海世博会建筑群

（1）中国馆如图 7–10 所示。

图 7–10　中国馆

中国馆在低碳建筑方面采取了利用 68 m^2 平台和 60 m^2 观景平台铺设单晶太阳能组件的方案，总装机容量达 302 kW。中国馆的 60 m^2 观景平台四周采用特制的透光型“双玻组件”太阳能电池板，用这种“双玻组件”建成的玻璃幕墙，既具有传统幕墙的功能，又能够将阳光转换成清洁电力。

（2）主题馆屋面如图 7–11 所示。

图 7–11　主题馆屋面

主题馆低碳建筑方面采取在屋面铺设了面积约 2.6 万 m^2 的多晶太阳能组件。面积巨大的太阳能电池板装机容量达到了 2 825 kW，而大菱形平面相间隔的铺设方法也同时保证了屋面的美观。建成后的主题馆光伏电站将成为我国乃至亚洲单体建筑最大的光伏建筑一体化电站。两座场馆共安装了各类太阳能组件 17 866 块，总安装面积 28 800 m^2，太阳能总装机容量高达 3 127 kW。一旦投入使用，两座“绿色电站”年均发电量约 284 万 kWh，每年即可节约标准煤约 1 000 t，年均减排二氧化碳约 2 500 t、二氧化硫 84 t、氮氧化物 42 t、烟尘 762 t，其环保作用相当于种植了 8.5 万棵大树，无愧于“绿色”的建筑。

（3）主题馆生态绿化墙面如图 7–12 所示。

图 7–12　主题馆生态绿化墙面

主题馆东西立面设置垂直生态绿化墙面，面积达 5 000 m^2，为目前世界上最大的垂直生态绿化墙。夏季利用绿化隔热外墙阻隔辐射，降低热传导；冬季使墙面得到太阳辐射热，形成保温层。每年还可吸收二氧化碳 4 t，滞尘量达 1 t，同时通过光合作用释放氧气；在夏季，生态绿化墙外墙温度比常规玻璃幕墙低 2℃，展厅内温度比常规玻璃幕墙低 5℃，能耗比常规玻璃幕墙降低 40%左右。

四、日月坛微排大厦——“中国太阳 ”

日月坛微排大厦——“中国太阳 ”如图 7–13 所示。

山东德州日月坛微排大厦，于 2009 年 11 月 27 日亮相。是世界上最大的集太阳能光热、光伏、建筑节能于一体的高层公共建筑。为 2010 年第四届世界太阳城大会的主会场。总建筑面积 7.5 万 m^2。采用首创太阳能热水供应、采暖、制冷、光伏发电等与建筑结合技术，节能效率高达 88%，远远高于国家公共建筑节能 50%的设计标准。每年可节约标准煤 2 640 t、节电 660 万 kWh，减少污染物排放 8 672.4 t。

整个建筑处处渗透节能环保的理念，屋面、外墙采用聚苯保温板，整体传热系数大大降低，比节能标准低 30%左右；门窗、天窗和幕墙，采用了温屏节能玻璃和 BIPV 温屏光伏组件，传热系数降低为国家节能标准的一半。让人们体验到未来能源生活，感受使用可再生能源“微排”（温室气体）的美妙。

图 7-13　日月坛微排大厦——“中国太阳”

五、杭州绿色建筑科技馆

杭州绿色建筑科技馆如图 7-14 所示。

图 7-14　杭州绿色建筑科技馆

杭州绿色建筑科技馆位于中国·杭州能源与环境产业园，总建筑面积 4 679 m^2。科技馆采用大量国内外最新的建筑技术，集成 10 大先进的建筑节能系统，节能效率达到 76.4%。

（1）科技馆设计建设依靠英国德·蒙特福特大学、清华大学建筑节能研究中心、中国建研院上海院绿色建筑研究中心、杭州城建设计院等单位的专家团队，集成了国内外最先进、适用的建筑节能技术系统，其中包括：被动式通风系统，尽可能多地利用屋顶自然采光和不需要耗能的日光照明系统，设计中使建筑倾斜形成建筑自遮阳系统，使用智能化自动调节的外遮阳通风百叶系统，环保合理的外围护系统，温度、湿度独立控制的空调系统，雨水收集、中水回用系统；能源再生电梯系统等，都是可以大量普及推广的建筑节能技术。

（2）科技馆还采用了太阳能、风能、氢能发电系统。先进的楼宇自控系统，可达到智能控制，根据室内的温度和环境质量，自动调节各种设备运行，分项计量各种设备能耗，中国节能投资公司将根据这些实时测量情况对楼宇自控系统本身进行优化改进与研发。

(3) 科技馆采用大量的节能环保材料，如建筑物南北立面、屋面采用的钛锌板，东西立面采用的陶土板。建筑物门窗采用的断桥隔热金属型材多腔密封框和高透光双银LE中空玻璃，使夏季窗户的得热量大大减少，仅空调负荷从基准建筑的41.71 W / m^2下降到了23.53 W / m^2。

科技馆采用集成的低能耗、生态化、人性化的建筑形式及先进的节能环保建筑技术产品，示范并推广系列的节能、生态、智能技术在公共建筑中的应用，被住房和城乡建设部列入建筑节能和可再生能源利用示范项目。

六、中美节能示范大楼

中美两国合作建设的节能示范工程如图7–15所示。

图7–15　中美节能示范大楼

中美节能示范大楼是一座集办公与展示于一体的建筑物，总投资6 200万元人民币，建筑面积13 000 m^2，楼内设有专门的建筑节能技术展示厅，以供海内外建筑业界参观学习。其设计能源消耗不超过我国现有办公建筑的40%，被国际建筑界一致认可为节能建筑的绿色样板。

在这座楼里，采用了空调排风能量回收、墙体保温、遮阳板、反光板等12项先进节能技术和产品，集多种节能、环保、智能技术。代表了目前国内乃至亚洲最先进的综合节能技术水平，其节能技术应用和节能效率在今后10～15年内在亚太地区都具有示范意义。

(1) 细节中看高科技节能

由内而外，从整体到局部再到细节，节能示范楼的每个布局都体现了设计人员的节能意识。首先，节能示范楼采用十字形的平面和外形设计。计算机模拟结果证明，对于办公和写字楼，在充分利用自然光照明以及春、秋季节采用自然通风的条件下，这种设计，比其他任何一种外型和平面设计至少节约能源5%。

保温隔热的围护结构。

1) 亚光型的浅色外墙，既反射阳光，减少外墙的吸热，又可实现漫反射，避免对周边环境的光污染。

2）其围护结构设计，包括舒布洛克复合外墙、旭格 70 系列热断桥铝合金窗框、低辐射绝热的 Low-E 玻璃，在高透光下做到了高绝热，并对容易出现冷桥的薄弱部位做保温隔热的构造措施，实现了围护结构的有效节能。2004 年初，全楼在无人使用的情况下曾停电，停止供暖 58 h。室外环境温度为 -13 ~ -4℃。其间各楼道在 58 h 内降温 1℃，有窗办公室降温 1 ~ 2℃，充分证明了节能示范楼良好的保温围护。

3）空调系统。空调系统适应不同制冷量的需要，同时采用冰蓄冷系统，夜间用电低谷期蓄冰，白天用电高峰期化冰释冷，做到“削峰填谷”地使用外源电力。全楼供暖耗热量仅相当于一座 3 000 多 m^2 普通办公楼的用量。

节能示范楼内空气质量全部达到国家环保健康标准，这完全得益于每小时 2 万 m^3 的新风供应能力，可在 1 h 内将办公区内的空气全部更新。

4）智能化照明系统是楼宇能源消耗的又一重点。办公室内没有灯具开关，采用光照传感器与红外人体感应传感器相结合的控制方式，有人时智能灯自动开启，无人时灯自动熄灭；并实现数控功率调节，使自然光加上灯光后保持桌面阅读的最佳需要。

5）节能电梯，也是节能示范楼的特点之一。通过运行程序的智能控制和按乘载量调节的变频系统，既减少了空载，又避免了“大马拉小车”的现象，较大幅度地节省了电梯运行的能耗。

通过以上措施，节能示范楼实现了大幅度的能源节约。其楼宇运行的全年总能耗约为 70%。据节能示范楼半年运行统计，仅节电一项一年就达到 80 余万 kWh、可节省经费 60 余万元。

（2）人性化的绿色建筑

节能示范楼在建设中，广泛使用了环保型的建筑材料。这些材料中包括价格低廉但对人体无害的内墙建筑涂料。这些涂料是由白石灰和贝壳粉混合而成，是最传统的无污染建筑工艺；在建筑木材上，采用速生的绿色木材。节能示范楼完成室内装修一周后，曾对室内空气质量进行测试，办公室内的有害挥发性气体含量在国家环保标准的 1/4 ~ 1/11 之间，装饰石材、铝材使用最多的一层大厅，有害挥发气体的含量也仅为环保标准的 1/2 ~ 1/4。洁净的空气质量，为使用者提供了一个舒适、健康的室内环境。

1）节能示范楼体现了人性化的交通设计：它包括沿楼四周的标准消防通道和地面首层的架空设计，减少对周边自然表土的破坏。建有停车进出使用的环形通道和停车位，地下一层设车库，共设公共停车位 68 个，并可停放 200 辆自行车。

2）节能示范楼在绿化环境方面也做了有益的探索：建设后在基地 2 200 m^2 范围内，绿地率达到 31.1%，比建设前增加 5%。屋顶花园是绿色节能示范楼的一个亮点。松竹相映、四季常绿，70 余种乔灌草分布在总面积 810 m^2 的屋顶花园上，占屋顶面积的 70%。同时 38 m^3 的雨水收集池，可满足屋顶花园和周边绿地在夏、秋季浇水需求。

3）节能示范楼内广泛采用了节水技术：使用无水型小便器，尿液通过化学药物，被分解为水和固体物，一个小便池全年节水约 14 t，仅此一项全年可节水 450 t。加上节水型红外感应式洗手龙头以及 3 L 坐便器的应用，500 人使用时月用水仅为 600 ~ 700 t。

4）在太阳能利用上，节能示范楼也很有特点：屋顶除绿化外，大部分用于太阳能光伏发电和太阳能热水系统。建有 15 kW 的太阳能光电池板阵列，全年可提供 3 万 kWh

的电力。太阳能热水系统除供 30 名值班人员洗澡外，可满足全楼洗手水的提温，太阳能系统在全楼能源消耗中占 5%～6%。

（3）智能化控制

该节能示范楼采用智能化的数字控制技术，达到国际先进水平。

数字化的楼宇自控系统：包括全数自调光系统在内，全楼设置了 2 000 余个各种类型的传感器，采集楼宇运行的水、电、空调、电梯等设备的状态、空气质量和温湿度、灯光照明、消防安全的各种信号，实现自动化运行。办公室的空气质量，包括二氧化碳浓度，温度、湿度都受到有效监测和控制。运行状态、能源消耗、实况数据等均可在中央控制室的计算机中得到反映。自动控制系统在保证了全楼的高使用舒适度的同时，又可实现节能 15%～17%。

参考文献

[1] GB 50411—2007 建筑节能工程施工质量验收规范[S].北京:中国建筑工业出版社,2007.

[2] 外墙外保温工程技术规范(JGJ 144—2008).2008.

[3] 建设部标准定额研究所编. 建筑外墙外保温技术导则(RISN—TG001—2005)[M]. 北京:中国建筑工业出版社,2006.

[4] 建设部干部学院主编. 实用建筑节能工程施工 [M]. 北京:中国电力出版社,2008.

[5] 本书编写组编. 建筑节能工程施工质量验收规范宣贯辅导教材[M].北京:中国建筑工业出版社,2007.

[6] 吴兴国. 质量事故分析[M]. 北京:中国环境科学出版社,2007.

[7] 吴兴国. 建筑施工验收[M]. 北京:中国环境科学出版社,2003.

[8] 北京艺高世纪科技股份有限公司. 外墙外保温常见技术问答[M]. 北京:中国建筑工业出版社,2009.

[9] 江艺,林波荣. 住宅节能[M]. 北京:中国建筑工业出版社,2006.

[10] 北京艺高世纪科技股份有限公司. 建筑外墙外保温施工工艺标准 [M]. 北京:中国建筑工业出版社,2008.